介观量子效应及其应用

张玉强　著

哈尔滨

图书在版编目（CIP）数据

介观量子效应及其应用 / 张玉强著. -- 哈尔滨 :
黑龙江大学出版社, 2024.2
ISBN 978-7-5686-1025-4

Ⅰ. ①介… Ⅱ. ①张… Ⅲ. ①量子力学 Ⅳ.
①O413.1

中国国家版本馆 CIP 数据核字 (2023) 第 170123 号

介观量子效应及其应用
JIEGUAN LIANGZI XIAOYING JI QI YINGYONG
张玉强　著

责任编辑　李　卉
出版发行　黑龙江大学出版社
地　　址　哈尔滨市南岗区学府三道街 36 号
印　　刷　三河市铭诚印务有限公司
开　　本　720 毫米 ×1000 毫米　1/16
印　　张　9
字　　数　152 千
版　　次　2024 年 2 月第 1 版
印　　次　2024 年 2 月第 1 次印刷
书　　号　ISBN 978-7-5686-1025-4
定　　价　36.00 元

本书如有印装错误请与本社联系更换，联系电话：0451-86608666。

前　言

随着纳米电子学的迅速发展，特别是对无序体系电子的运动规律的火热研究，介观物理应运而生。介观电路系统已达到与电子波函数相位相干长度相当或小于相干长度，量子的波动性凸显。这使得其在介观系统中所表现出既不同于宏观大系统，也有异于原子尺度的独特现象和物理性质。近几十年来，人们结合量子力学方法研究了从真空态到压缩真空态、从线性元件到非线性元件、从电容（或电感）耦合到外磁场耦合等不同情况下的介观电路的量子效应，但同时在进行量子化处理和解释一些实验现象等方面也遇到一些困难。介观物理涉及量子力学、统计物理和经典物理的一些基本问题，量子尺寸效应和宏观隧道效应将是未来微电子器件的理论基础，仍有许多方面有待人们深入研究，使其更加完善。从应用的角度看，一方面微电路及器件达到介观尺度后，原来的理论分析方法如欧姆定律便不再适用；另一方面新发现的现象为制作新的量子器件提供了新的思路，助力高新技术在相关领域的运用和发展。

在高精度、高速度、小型化、复杂化及集成化的驱使下，在日趋激烈的科技竞争中，介观电路中量子效应的研究为提高微电路的工作效率、增强所传输信息的保密度等提供了一定的实际指导意义，对介观尺度下应用的展开提供了积极的信息，所以对介观电路中量子效应的研究必将成为科技发展的关键。本书从介观物理的视角入手，在已有的介观量子理论的基础上，采用正则变换、幺正变换、广义 Hellmann - Feynman 定理以及 Lewis - Riesenfeld 不变量理论等方法深入分析和研究了耗散介观耦合电路中的量子涨落、介观电感耦合电路中的能量涨落、介观耦合电路中的库仑阻塞效应以及热态下介观电感耦合电路中的不确定关系等问题，找出影响介观电路中量子效应的因素，然后对结果进行分析和比较，得出结论，从而为微电路及器件的进一步优化设计、集成电路中的硬件更新及其在相关领域的应用提供有益的理论基础。本书将会对相关领域的研究者提供借鉴与参考。

“物含妙理总堪寻”。第二次量子科技革命的到来使介观物理及纳米科技的发展日新月异,其在相关领域的应用也不断拓展。由于笔者水平有限,书中不当及错误之处在所难免,欢迎读者提出宝贵意见。

目　录

第 1 章　绪　　论

1.1 量子的发展

19世纪末,大部分物理学家认为“经典物理学大厦”已经完成,基于17世纪建立起来的力学体系及19世纪建立起来的电动力学、热力学及统计物理学。同时,也有物理学家对经典物理中遇到的难以逾越的困难深感忧虑。其中一个出现在光的波动理论上,即迈克尔逊－莫雷实验与以太说;另外一个出现在关于能量均分的麦克斯韦－玻尔兹曼理论上,即黑体辐射与紫外灾难。这两者也称为飘在经典“物理学大厦”上空的两朵乌云。为解决黑体辐射的问题,科学家们付出了不懈努力。1900年,物理学家普朗克在德国物理学会上发布黑体辐射的能量不是连续的,而是一份一份的,必须有一个最小的不可再分的基本单位,此单位叫作能量量子,并指出一切能量的传输不能无限连续,只能以这个量子为单位进行。普朗克提出了“量子”的概念后,在瑞利－金斯公式和维恩公式的基础上,对实验中黑体辐射能量密度随频率变化的曲线进一步分析,得出其经验公式——普朗克公式,当时许多物理学家用此公式分析精确的实验数据,结果都十分符合,如图1.1所示。可见,量子并非像电子、质子一样是一个真正的东西,而是一种概念,若某个物理量存在最小的、不可分割的单位,则这个最小单位就称为“量子”,微观世界的这种不可无限分割性就是“量子性”。普朗克的量子论为量子力学的发展奠定了坚实的基础。1905年,爱因斯坦用量子论很好地诠释了光电效应,并提出了“光量子”的概念。1913年,在普朗克量子论和爱因斯坦光量子学说的基础上,玻尔将量子化概念应用于原子系统,提出了氢原子的玻尔理论,解释了氢原子和类氢离子光谱规律。从普朗克提出量子的概念到爱因斯坦引入光量子的学说,再到玻尔提出氢原子的玻尔理论,量子力学理论体系逐渐建立起来。

量子力学不但是颠覆性的物理学革命,也是深刻的思想革命,其所涉及的领域错综复杂,它完全不同于宏观世界的规律,具有意想不到的特性。量子力学主要从两个方面发展:一方面是波动力学,由德布罗意提出物质波的概念,薛定谔引入波函数并进一步明确了薛定谔方程,赋予物质波实质的数学意义。另一方面是玻尔提出的矩阵力学。这两个方面在物理上的基本描述不同,但都解释了微观粒子的运动规律。物理学家狄拉克很好地将波动力学和矩阵力学结合起来,形成了狄拉克方程。1927 年,在第五届索尔维会议上形成了对量子力学的全新认知,对量子力学以后的发展产生了重大影响。

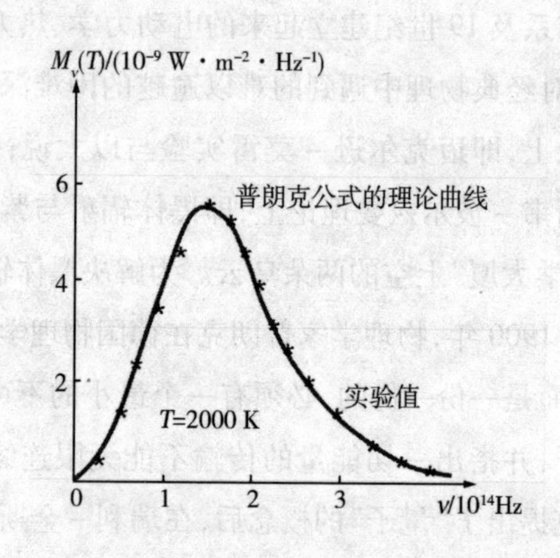

图 1.1 实验值与普朗克公式理论曲线的比较

根据量子力学发展的特点,可分为“第一次量子科技革命”和“第二次量子科技革命”两个阶段。“第一次量子科技革命”从 20 世纪初至 90 年代,这个阶段主要完成了对量子力学理论框架的构建及其基本特征的描述,为后续量子科技的发展和应用提供了理论依据。“第二次量子科技革命”起始于 20 世纪末,其核心是实现量子科技的突破,量子器件和技术全面投入开发,范围涵盖量子计算、量子信息、量子精密测量等领域。

1.2 介观体系与介观物理

人们在对物质世界的认识过程中,通常把物质体系划分为宏观和微观两类,针对不同的研究对象所采取的研究方法也各异。宏观物质体系可以用经典物理学理论及相对论来描述,微观物质体系遵循量子力学的规律。在20世纪末期,随着科学研究的不断深入,新的物理现象、新的学科分类持续出现,人们发现在宏观和微观之间存在一些有异于两者且有着奇特物理现象的体系,称之为介观体系,如图1.2所示。介观是指介于微观和宏观之间的尺度。文献中一般把尺度相当或小于粒子的相位相干长度的小尺度系统称为介观体系。随着微电子学特别是纳米电子学的快速发展,介观体系作为介观电子学的主要研究对象,在特征和功能等方面凸显重要性,其涉及信息科学技术中信息的产生、传递、转换等。

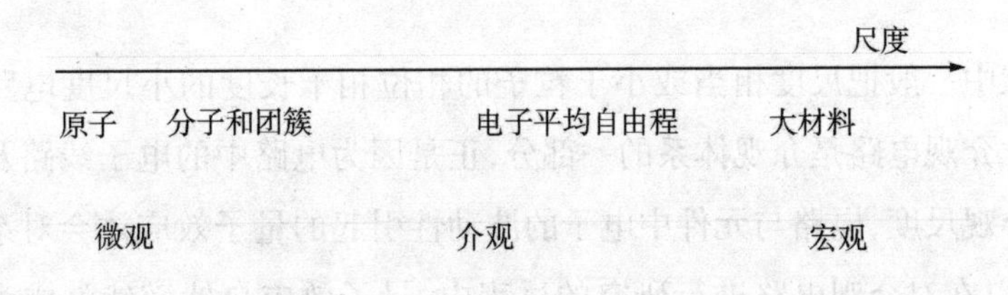

图1.2 宏观、介观及微观尺度示意图

介观物理学已发展成物理学中的一个新的分支学科,它随着人们对固体中载流子运动的深入研究特别是无序体系电子的运动规律的研究而迅速发展起来。经过多年的研究和发展,已经取得了富有建设性的成果。人们结合量子力学方法研究了从单一的线性元件到复杂的非线性元件、从理想的真空态到压缩真空态、从元件耦合到外磁场耦合等不同条件下的介观量子效应。从理论适用的角度看,一方面,微电路和器件进入介观领域后,原来的理论分析方法如欧姆定律已经无法再用;另一方面,新现象的出现为进一步研究微电子器件,特别是在微电路设计、降低量子噪声等方面起着重要的理论指导作用,从而为下一代集成度更高的电路及器件的制造打好理论基础。此外,介观物理学还有一些重要的研究方向,如共振腔中的传播和辐射的介观光学系统、量子资讯处理器中的介观系统、介观超导电性、介观固态制冷器件、尺度诱发的反常现象、半导体自旋电子学等。对介观物理学的研究推动了纳米技术的发展,而纳米技术反过来为设计和制造各种人工超微结构体系提供了更精确的技术支持。理论和技术相互促进,为人类对资源的有效利用提出了新的思路和方法。

随着科学技术的发展,各种新工艺、新材料在不断涌现,微电子器件日益向着小型化发展,集成电路的集成度也越来越高,其特征尺度已经达到了介观尺度,量子效应凸显。在某些方面,由于量子效应的作用,器件功能上有了重大的发展与突破,一些新机理、新概念的器件陆续出现,介观量子效应将会对介观尺度电子器件的物理性能产生重大影响。

1.3 介观电路

文献中一般把尺度相当或小于粒子的相位相干长度的小尺度电路称为介观电路。介观电路是介观体系的一部分,正是因为电路中的电子线路及电子器件处于介观尺度,电路与元件中电子的波动性引起的量子效应才会对系统影响显著,所以在对介观电路进行研究的过程中,量子效应自然而然就成为重点和关键。

20 世纪末我国陈斌、李有泉分别对 RLC 电路的能量涨落及处于真空态时电路中的电荷和电流的能量涨落进行了研究,并进一步讨论了介观 LC 电路中电流的量子涨落问题等,从而掀开了对介观电路研究的新篇章。人们对介观电路进行研究的过程中,电路结构越来越复杂,从简单的一网孔至两网孔再至三网孔;与此同时,研究所涉及的影响电路的因素也越来越多,从简单的无耗散到有耗散、从无源到有源、从压缩参数为零到某一个值、从器件参数固定到器件参数随时间变化等。最近人们又在对系统进行量子化的基础上,借助于 Lewis - Riesenfeld(LR)不变量理论及时间独立的哈密顿系统对热态条件下电感耦合的介观电路中的量子涨落进行探索,得出当 $T\to 0$ K、$r\to 1$ 或 $\varphi\to n\pi$ 时,电荷与电流的不确定关系趋向于最小不确定关系,如图 1.3 所示。

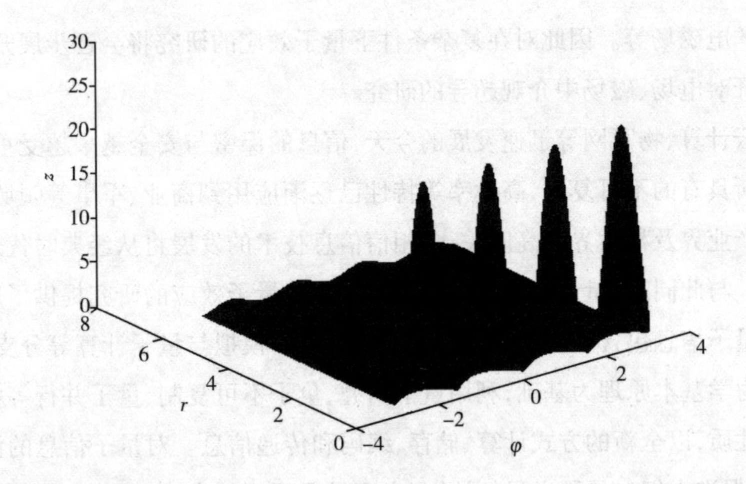

图 1.3　在绝对零度下电荷与电流的不确定关系（z 轴的单位长度为 $\hbar/2$）

一段时间以来，人们对小尺度结构中相干特性的研究已经从凝聚态物理的领域逐渐延伸到军事、生物、物理、化学和信息科学等领域，并在介观超导电性、量子信息处理器及尺度诱发的反常现象等研究中相继展开。同时，对于介观电路的研究尤其是在与磁场相关的实验方面也不断突破，特别是在量子计算机的科研过程中探讨电子本身的相干效应引起人们的重视，对介观电路中量子点的输运情况、介观干涉中的移相问题及一定条件下超导线中剧烈的量子涨落的研究也相继展开。在介观二维电子电路的反常效应、强相互作用下的介观电容的动力学特征、耦合介观一维玻色气体的量子自陷、介观环中非平衡相变的转化的研究中，都取得了具有一定学术价值和应用价值的成果。

随着微电子学及纳米技术的快速发展，微电子器件已达到了介观尺度，微电子器件是否能正常工作至关重要，对介观电路量子效应的深入探索，特别是降低量子噪声、量子纠缠、量子计算等技术的发展，所起到的作用越来越明显。虽然目前对介观电路量子效应的研究取得了可喜的进步，并且研究成果在实际中得到应用，但到目前为止，理论的发展还不能完全满足实际的需要，还未形成一套完整的介观量子理论。

另外，已有的介观理论大部分是在有限的条件下所得出的，而微电路在实际的应用过程中，还可能会受到许多外界因素的影响，如周围其他元件工作时所产生的电磁场等。因此对在复杂条件下量子效应的研究将会逐步展开,目前已经展开对电场、磁场中介观超导的研究。

在云计算、物联网等迅速发展的今天,信息的保密与安全越来越受重视,量子信息所具有的不可复制、高效率等特性已逐渐应用到商业、军事等领域,并引起信息产业界及科学界的高度关注,相信信息技术的发展将从经典时代进入量子时代。与此同时,量子信息的迅速发展为介观量子效应的研究提供了广阔的平台。量子信息包含了量子通信、量子密码、量子模拟与量子计算等分支,它是以量子力学基本原理为基础,利用量子纠缠、量子不可复制、量子并行等相干性的特殊性质,以全新的方式计算、储存、编码和传递信息。对量子信息的深入研究,不断促进人们对量子世界的认知,丰富量子理论的内涵,因此对量子信息的探索和研究已成为国家之间竞争的焦点之一。处于介观尺度的量子相干性在环境的影响下会不可避免地消失,所引起的消相干效应是量子计算机和量子信息系统在实际应用中的重要障碍,如何克服消相干效应已成为量子信息领域的核心问题之一。

由摩尔定律(图1.4)可知,集成电路上可容纳元件的数目每隔18 个月将增加一倍,性能也将提升一倍,这就预示着微电子器件的集成度愈来愈高,在介观尺度下,随时有可能产生奇异的物理现象,影响微电子学的正常发展。相信随着高新技术特别是纳米科技的快速发展,对介观系统中量子效应的研究将会继续保持其热度。介观物理学必将对微电路的优化设计以及具有特殊功能、反常效应和优越物性的器件的开发具有重要的指导作用。另外,介观尺度下的电子输运现象也备受关注,在此尺度下的电导量子化现象在多种金属上已被实验所验证,介观系统中电导量子化现象将会被用于量子线晶体管、量子整流器等器件。在介观尺度下的计算材料学也在认识物质所具有的特性方面具有重要的作用,进一步促进了材料科学的持续发展,突破经典物理学发展的瓶颈,为具有新功能的新材料的研制提供优选方案和创新思路。经过几十年的努力,人们虽然已经在介观电路量子效应研究方面取得了很大的进展,对介观世界的认识也有了一定的深入,但还有很多困难要去克服,至今仍未建立一套完整的介观理论体系。相信随着人们对微观世界认识的深入,对介观电路的研究一定能够促进介观量子理论的进一步完善。

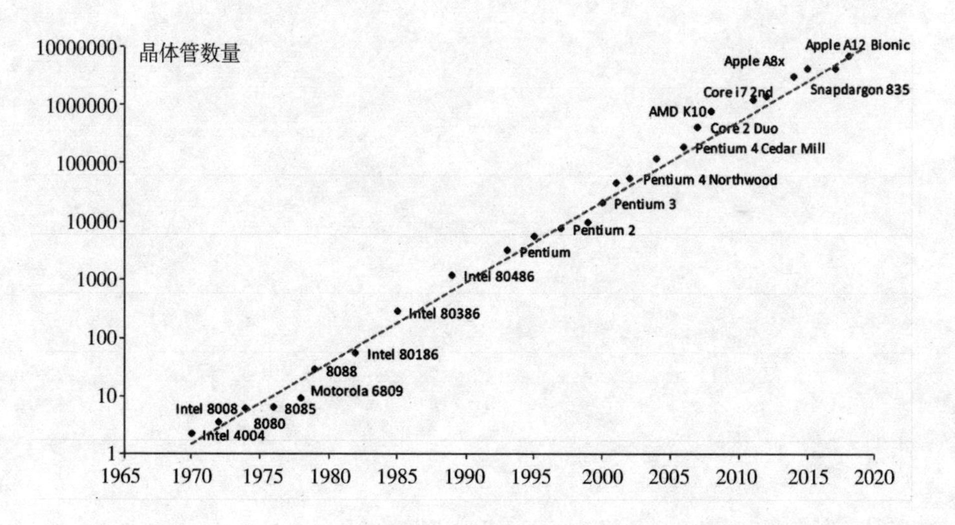
晶体管数量
10000000
1000000
100000
10000
1000
100
10
1
1965
1970
1975
1980
1985
1990
1995
2000
2005
2010
2015
2020
Apple A12 Bionic
Apple A8x
Snapdargon 835
Core i7 2nd
AMD K10
Core 2 Duo
Pentium 4 Cedar Mill
Pentium 4 Northwood
Pentium 3
Pentium 2
Pentium
Intel 80486
Intel 80386
Intel 80186
8088
Motorola 6809
8085
Intel 8008
8080
Intel 4004

图1.4 摩尔定律

第 2 章　介观系统的量子属性

本章主要对介观系统的基本概念、特征效应、量子力学属性及基本模型进行概述，主要作用是为后续章节的内容做铺垫。

2.1　基本概念

2.1.1　介观系统中的特征长度及态密度

根据在量子相位相干效应中所起作用的范围和程度，原理上由以下几个特征长度可以定性地分析粒子的量子行为。

2.1.1.1　费米波长、费米面

金属中的自由电子满足泡利不相容原理，其在单粒子能级上分布概率遵循费米统计分布 $f(E)=\dfrac{1}{1+\exp\left(\dfrac{E-E_F}{K_bT}\right)}$（其中，$E_F$ 表示费米能级，K_b 表示玻尔兹曼常数，T 表示温度），当 $T=0$ K 时，$f(E)=1$，表示在绝对零度下电子将占据 $E\leqslant E_F$ 的全部能级，而大于 E_F 的能级将全部空着，自由电子的能量表示为 $E(k)=\dfrac{\hbar^2k^2}{2m}$，它在 k 空间的等能面是一球面，将 $E=E_F$ 等能面称为费米面。费米面附近的电子德布罗意波长 $\lambda_F=2\pi/k_F$，简称费米波长。它是表征介观系统量子涨落大小的重要参量之一。当系统的尺度接近费米波长时，粒子的量子涨落相对明显；反之，当系统的尺度远大于费米波长时，因为粒子的量子相干性很容易被破坏，其量子涨落相对不明显。图2.1为费米面示意图。

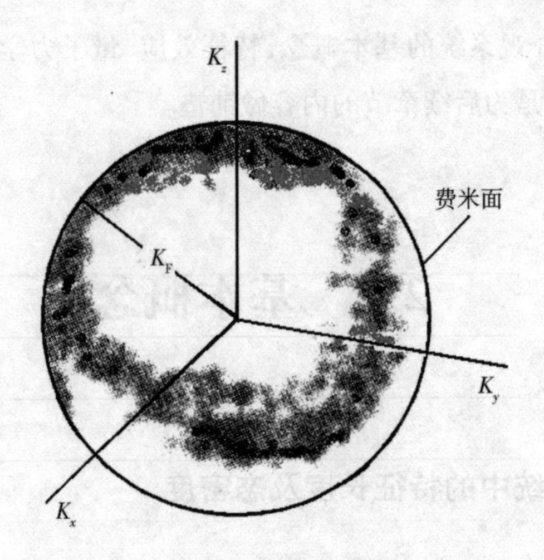

图 2.1　费米面示意图

2.1.1.2　相位相干长度

相位相干长度(L_φ)是指占据某一个本征态的粒子,在完全失去相位相干性之前所传播的平均距离,它反映了粒子动力学保持相位相干性的最大范围。相位相干长度一般由电子与其他电子、声子和杂质等的非弹性散射所决定。当系统处于弹道区时, $L_\varphi = v_F\tau_\varphi$;当系统处于扩散区时, $L_\varphi = \sqrt{D\tau_\varphi}$ 。当系统的尺度超过相位相干长度时,无序环境中的输运性质可用准经典理论(如玻尔兹曼理论)来描述;当系统的尺度小于或等于相位相干长度时,量子的相干特性将起到主要作用。

2.1.1.3　平均自由程

平均自由程表征占据某一个本征态的粒子在被散射到其他动量本征态前,粒子所运动的平均距离,它可以用来表征动量的弛豫。

2.1.1.4　态密度

态密度是指在单位能量宽度内离散的本征能级的数目:

$$N(E) = 2\frac{V}{(2\pi)^3}\int\frac{dS}{|\nabla_K E|} \tag{2-1}$$

此处因子 2 来源于电子的自旋自由度，E 是电子的能谱。对自由电子而言：

$$E = \frac{\hbar^2 k^2}{2m} \tag{2-2}$$

介观系统中往往是通过在空间上某方向加以限制来实现尺度受限和维数降低的，就维数而言，极限受限的构型就变成一个低维系统。在零维情况下，系统就是一个量子点，此时电子间的库仑相互作用非常明显；在一维情况下，态密度与 $\sqrt{E}$ 成反比；在二维情况下，态密度是一个常数；在三维情况下，态密度与 $\sqrt{E}$ 成正比。由此可以看出，在一维系统中能带底部附近的那些态所起的作用比二维及三维系统中更为重要；在三维系统中，由于态密度与 $\sqrt{E}$ 成正比，平均可观测量主要由那些来自较高能量的态决定。图 2.2 为不同维数下的态密度示意图。

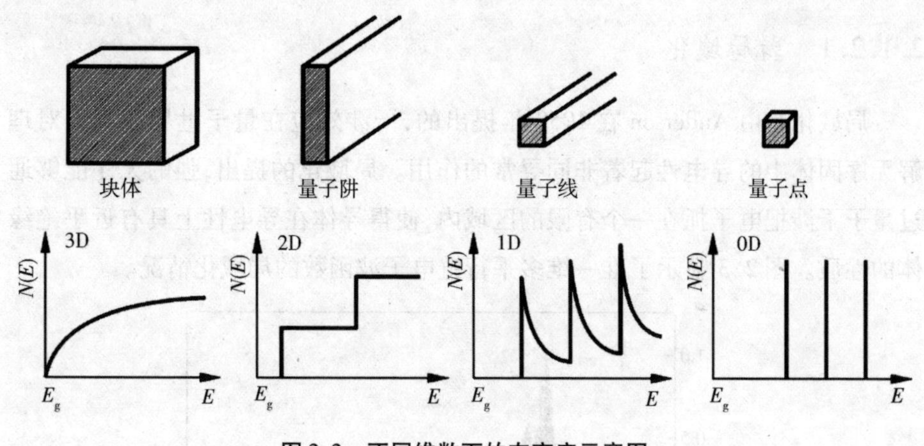

图 2.2　不同维数下的态密度示意图

2.1.2　介观系统中的量子相干及特征效应

众所周知，电子具有波粒二象性，但在固体材料中费米电子的波长为 50 ~ 100 Å，远小于通常能够制成的器件的尺寸，而且电子在固体中运动时又不断与其他电子、声子及杂质缺陷等发生非弹性碰撞，结果电子失去“相位记忆”，其相干性也被破坏；再者固体中的电子波通常不是单色的，费米电子的能量有一个分布，这种能级的展宽也常常会使干涉效应消失。而介观系统的尺度相当于或小于单粒子波函数的相位相干尺度，电子在输运过程中保持“相位记忆”，因此出现特有的量子干涉现象以及介观尺度范围内明显的量子现象。所以，对介观系统中量子相干效应的研究，可以解释与电子波的量子相干性有关的一些新现象和效应，对验证和发展量子力学的理论及设计新型量子器件都起着重要的理论指导作用，具有不可忽视的潜在实用价值。

随着微加工技术的发展，电子蚀刻技术、分子束外延技术及光学技术，特别是大规模集成电路的日趋成熟，如今可以制备出尺寸小于 1 μm 的半导体及金属样品，此时线度进入介观领域。在介观系统中，只存在弹性杂质散射，导致电子相位是相干的，因而出现了许多与此相关的特征效应，如弱局域化、普适电导涨落、Aharonov - Bohm(AB)效应、库仑阻塞效应和超导电性等。

下面对介观系统中的一些典型的特征效应进行简要阐述。

2.1.2.1 弱局域化

局域化是由 Anderson 在 1958 年提出的，干涉效应在量子世界特别是对理解无序固体中的导电性起着非同寻常的作用。局域化的提出，强的无序能够通过量子干涉把电子抓在一个有限的区域内，使得导体在导电性上具有近乎绝缘体的性质。图 2.3 显示了准一维多平行链电子波函数的局域化情况。

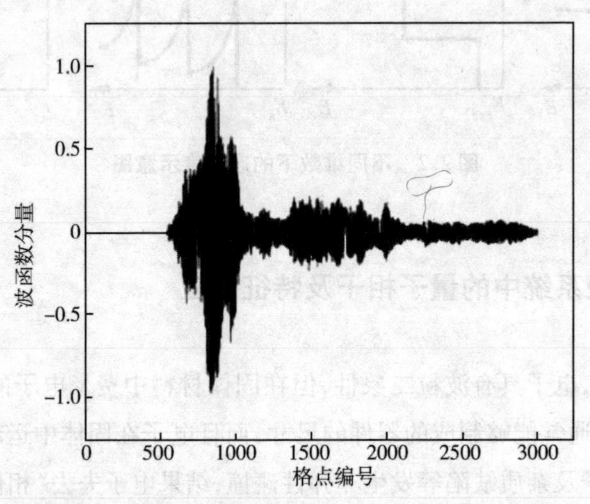

图 2.3　准一维多平行链电子波函数的局域化

弱局域化发生在弹性散射的平均自由程远小于非弹性散射的平均自由程的金属扩散区。弱局域效应可由量子干涉引起的背散射增益来说明,比如电子在固体中扩散运动时,有一定的概率返回到出发点,其轨迹形成一个闭合的圆圈,即闭合路径。这就意味着电子扩散到其他点的概率大大减小。由时间反演对称性可知,沿着同一闭合路径的逆转也是经典运动方程的解,两条路径是等概率的,这种时间反演路径的散射称为相干背散射。如果时间反演对称性受到破坏,相干背散射发生的概率就会下降,有的会完全消失,从而使电导增加,电阻减小,这也是在弱局域化区出现负磁阻的原因。

图 2.4 中实验数据(实点)和理论计算的结果(实线)非常吻合,金原子的自旋－轨道耦合破坏了电子的相干背散射而使其失去局域化,导致磁阻减小。从图中可以看出,在磁场很小时,磁阻增加;在磁场很大时,磁阻减小。这是自旋－轨道耦合对磁场的敏感性引起的。

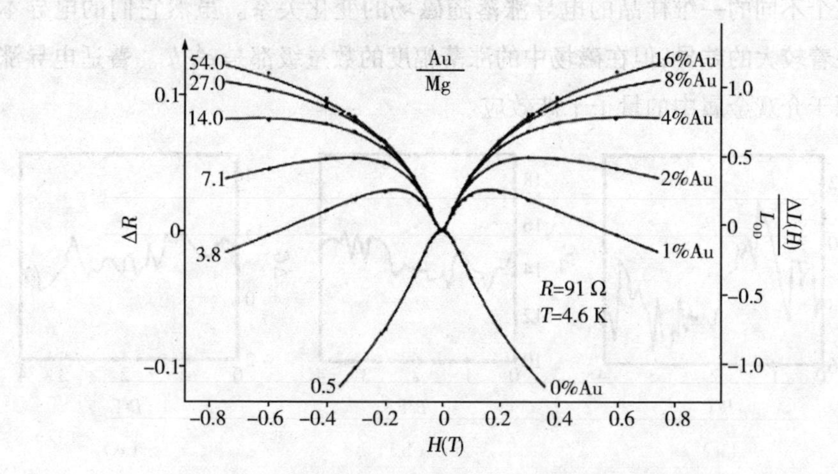

图 2.4　镁薄膜的磁阻随其表面的金原子覆盖率的变化

2.1.2.2　普适电导涨落

普适电导涨落是指小的金属样品(环或细线)的电导在低温下会作为磁场的函数 $G(B)$ 呈现非周期性涨落。这是因为在介观导电系统中,电子在非闭合的路径间运动时会产生电子波的相干效应,再加上电子运动会感受到磁场的几何效应,具有磁矩的电中性粒子会感受到电场的几何效应。这些几何效应的直接表现是使波函数得到附加的相位,从而影响相干效应的起伏,导致电导明显涨落。

不同样本都有着各自特有的电导涨落模式，可以认为是样本的“指纹”。电导涨落的表达式为：

$$\langle \delta G^2 \rangle = \langle G^2 \rangle - \langle G \rangle^2 \tag{2-3}$$

经实验及理论证明，对介观体系而言，在 $T=0$ K 时，其电导涨落为：

$$\delta G = \langle \delta G^2 \rangle^{\frac{1}{2}} \approx e^2/h \tag{2-4}$$

电导涨落的一个最突出的特征是涨落的大小的量级是 e^2/h（约 4×10^{-5} S）的普适量，与样品的材料、大小及无序程度等无关，只要求样品是介观大小的，并处于金属区。正是因为电导涨落大小的这一普适性，故称之为普适电导涨落。理论研究还表明，电导涨落的大小与样品的形状及空间维数只有微弱的依赖关系，由于磁场会改变电子的相位，所以涨落也会受到磁场的影响。图 2.5 就是三个不同的一维样品的电导涨落随磁场的变化关系。虽然它们的电导本身存在着较大的差异，但在磁场中的涨落幅度的数量级都是 e^2/h 。普适电导涨落来源于介观金属中的量子干涉效应。

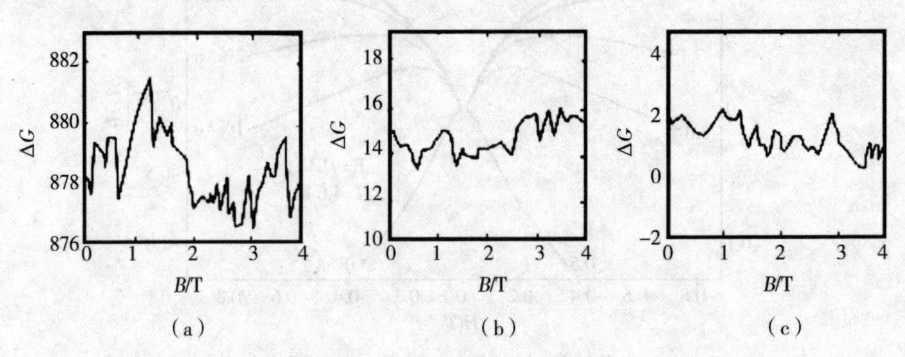

图 2.5　三个不同的一维样品在介观系统中非周期磁电导涨落

2.1.2.3　AB 效应

AB 效应是 1959 年 Aharonov 和 Bohm 提出的。他们用实验证明了电子运动的空间不管是否存在电磁场，电子波函数的位相都会受到电子运动的空间中电磁矢的影响。图 2.6(a) 中入射的电子束在 A 点分成两支相干电子束，B 是与纸面垂直的长螺线管，磁场仅存在于螺线管内，两电子束在观察屏 S 处相遇而产生干涉图样。通过实验可以观测到屏上出现的干涉图样随着螺线管中的磁场呈周期性变化(当螺线管的磁通增加 e^2/h 时,则两束电子的位相差恰好增加 2π,干涉图样正好变化一个周期,即完成一个 AB 循环)。如在两束电子路径上各置一金属筒,如图 2.6(b)所示,当电子进入筒后在两筒上加不同的电势,而在电子飞出筒前将电势撤掉,则屏上的干涉图样也会发生变化,两种情形中电子的运动都不受影响,因为没受到洛伦兹力。这表明电势改变了电子波函数的相位,可见 AB 效应是一种量子干涉作用。同时,从对 AB 效应的研究中也不断得到启发。由于电磁场是一种最简单的 U(1)规范场,人们自然会联想到,是否能把 AB 效应推广到其他规范场中。杨振宁和吴大峻曾在一篇论文中讨论过杨－米尔斯 SU(2)规范场的 AB 效应问题。而阿哈勒诺夫和卡谢又于 1984 年根据电与磁的对偶性,提出了 AC 效应的预言。1989 年,他们的这一预言被实验证实。AC 效应的提出与证实是纳米物理学的又一重要进展。

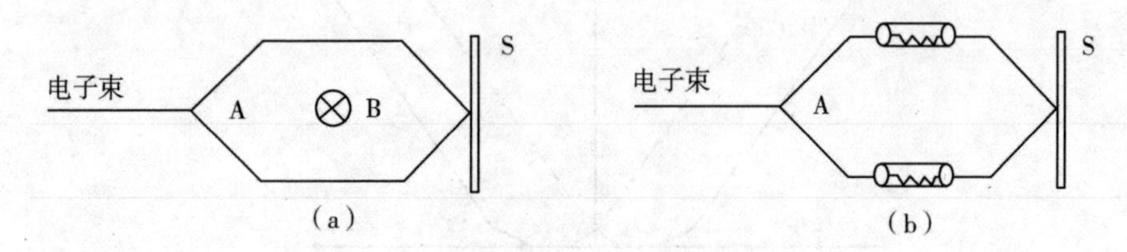

图 2.6　AB 效应示意图

2.1.2.4　库仑阻塞效应

单电子现象是在介观系统中最重要的现象之一,也是在纳米科技中起支配作用的规律之一。单电子学是由 Likharev 等人在 1985 年提出的,他们预测了人工可能控制单个电子进出库仑岛的运动,并且随着库仑岛尺寸的减小,这种现象将不断发生,可以为制造具有重要应用价值的单电子器件提供指导。Fulton 和 Dolan 于 1987 年制成了第一支单电子晶体管,验证了单电子现象,从而开创了应用单电子学的研究。库仑阻塞效应是一种典型的单电子效应。作为最简单的例子,我们考虑一个金属结(电容器),如果金属结足够小(尺度在纳米、微米量级),以至它的电容小至 10^{-18} F,我们就称其为孤立纳米金属微粒(或孤立库仑岛),而加入单个电子到库仑岛的静电能 $E_C = e^2/(2C)$ 变得非常重要而不

能忽略。这里 e 是元电荷,C 是金属结的电容。E_C 可以远大于室温下电子运动的能量 k_BT, 其中, k_B为玻尔兹曼常数, T 为绝对温度。在绝对零度,只有在外电压下所具有的能量大于静电能时,电子才能隧穿。电流在电压为 $-|e|/(2C)$ 与 $|e|/(2C)$ 之间被压制的现象称为阻塞,如图 2.7 所示。$|V| < e/(2C)$ 的区域为库仑阻塞区,虚线部分表示不存在单电子隧穿(虚线、实线交点呈现圆形是因为绝对温度不为零),这种电子的静电能对电子传播的阻塞称为库仑阻塞效应。一般对于小的系统,电子的静电能显得比较重要,从而对电子的传播产生库仑阻塞效应。很显然,这是一种单电子效应,是由于电子所带的电荷是分立的。可见库仑岛外的电子要进入岛内的前提条件是岛内的某个电子离开,这样利用库仑阻塞效应就可能使电子逐个进出库仑岛,从而实现单电子的隧穿过程。

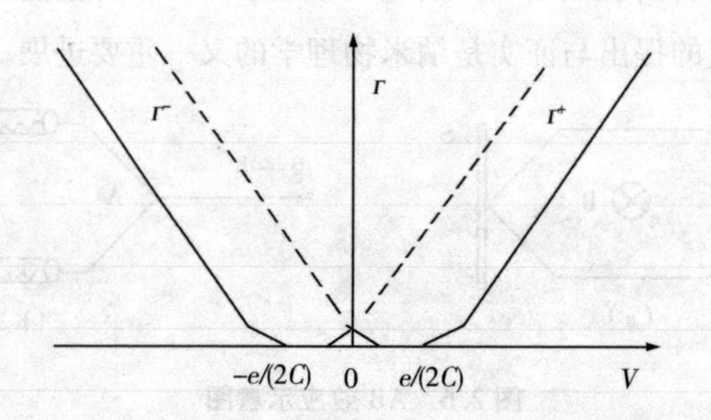

图 2.7　正/反向隧穿率与电压的函数关系

库仑阻塞效应的物理过程可以简单描述如下。图 2.8(a)是向电中性库仑岛外加一个电子以前的状态,图 2.8(b)是库仑岛上已带一个过剩电子的状态。假设把一个孤立的库仑岛放置在一个介电常数为 ε 的介质中,开始它处于电中性状态,周围并没有加电场,现在通过施加外力将一个电子推到这个库仑岛中,此时的库仑岛就带有剩余电荷 $Q = -e$,剩余电荷在库仑岛周围形成一个电场。若库仑岛的尺度在宏观范围内,这个电场可以小至忽略不计;但如在介观尺度,如直径为 10 nm 的库仑岛被置于真空环境中,当它带一个电荷时,周围就会形成 140 kV · cm^{-1}的电场强度,它有足够的能力阻止其他电子进入这个库仑岛。

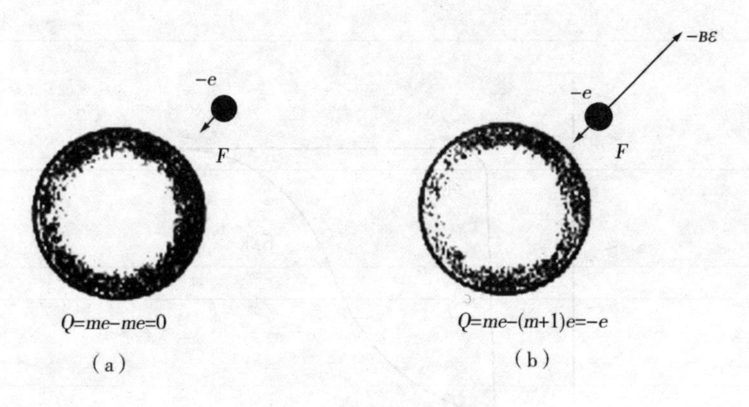

图2.8　库仑阻塞效应

2.1.2.5　超导电性

超导电性是1911年Onnes研究各种金属在低温下电阻率的变化时发现的。实验中发现，当汞的温度降至4.2 K（即临界温度T_c）左右时，汞的电阻急剧下降。当材料的温度高于T_c时，材料处于正常态，当温度低于T_c时，电阻会完全消失，材料就会进入一个完全不同的状态。临界温度T_c是物质常数，与材料的种类及所处的条件有关，同种材料在相同条件下有确定的值，与材料的杂质无关，但是杂质的存在会导致转变区域增宽，如图2.9所示。这种在低温下出现零电阻的现象，称为物质的超导电性。

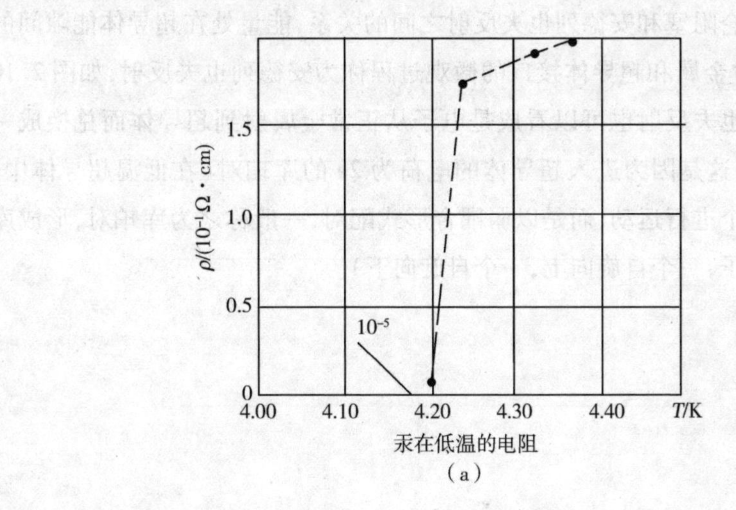

汞在低温的电阻

（a）

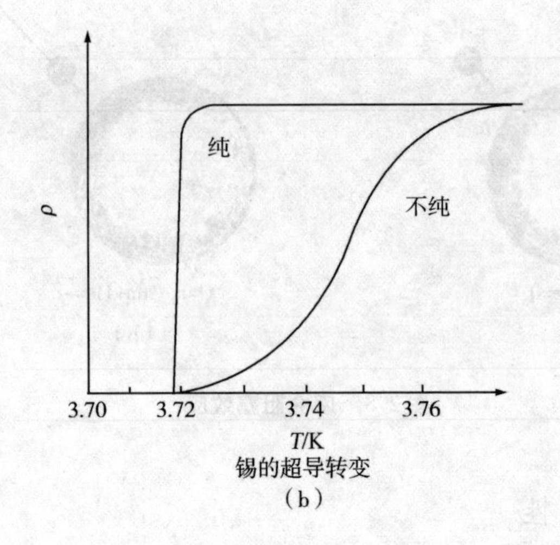

锡的超导转变

(b)

图 2.9 汞和锡在低温下的超导示意图

超导和正常的导体相比有着奇特现象及潜在的应用前景。自 20 世纪 90 年代初以来,介观超导体成为一个新兴的研究领域。介观超导体的尺度与相干长度或穿透深度相当。介观超导体可以是一个量子点、一个隧穿垒、一片薄膜或者一个分子。其中,对量子点的研究近年来备受纳米结构研究者青睐,对量子点耦合到超导导线系统的输运特性的研究也成为热点之一,这类系统的输运特性取决于库仑阻塞和安德列也夫反射之间的关系,能量处在超导体能隙间的电荷,穿过正常金属和超导体接口的微观过程称为安德列也夫反射,如图 2.10 所示。安德列也夫反射也可以看成是电子从正常金属射到超导体而兑换成一个空穴的过程,这是因为进入超导体的电荷为 $2e$ 的库珀对(在低温超导体中,电子并不是单个进行运动,而是以弱耦合形式配对,一般称之为库珀对,形成库珀对的两个电子,一个自旋向上,一个自旋向下)。

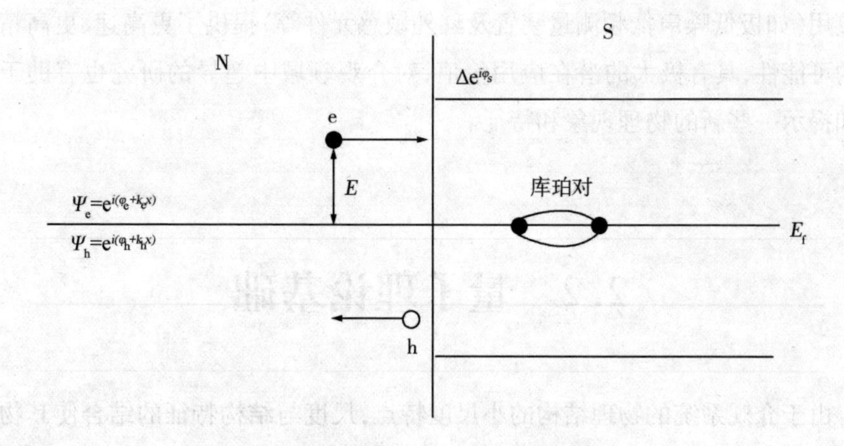

图 2.10　正常金属和超导体面的安德列也夫反射

实验表明，超导除了临界温度参量外，还有临界磁场及临界电流两个临界参量。因为磁场可以破坏超导电性，根据临界磁场 $H_c(T)$ 的数目，可分为第一类超导体和第二类超导体两类，如图 2.11 所示。

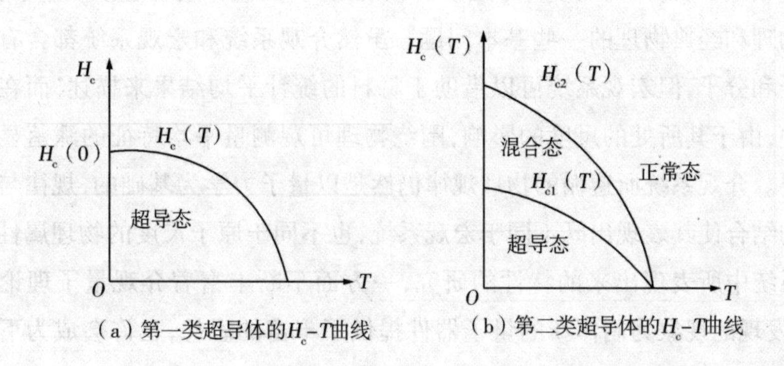

（a）第一类超导体的 H_c-T 曲线　（b）第二类超导体的 H_c-T 曲线

图 2.11　按磁场数目所分的两类超导体示意图

另外，超导电流本身产生的磁场也会对超导电态造成破坏，当电流达到一定的程度时，所产生的磁场超过临界磁场时，也会导致体系回到正常态，因此超导体中的这个极限电流称为临界电流 $J_c(T)$。随着研究的不断深入以及新型超导材料的出现，超导电性有了更广泛的应用途径，除了医用（如磁共振成像）和输运外,基于超导隧道效应的超导量子干涉已经进入市场。超导器件为电子学的应用(如极低噪声低频测量装置及红外敏感元件等)提供了更高速、更高精确度的可能性,具有极大的潜在应用价值,对介观领域中超导的研究也有助于发现和揭示一些新的物理现象和特征。

2.2 量子理论基础

由于介观系统的物理结构的小尺度特点,尺度与结构特征的结合使其物理属性表现出既不属于原子尺度,也有异于宏观系统的特征,但与微观系统一样,其所遵循的规律依然以量子力学为基础。

2.2.1 介观系统中的量子力学属性

由于介观物理是介于宏观经典物理和微观量子物理之间的一个新的领域,在这一领域中,物体的尺度介于宏观和微观之间,因而介观物理涉及量子物理、统计物理和经典物理的一些基本问题。虽然介观系统和宏观系统都含有大量的原子和分子,但宏观系统可以借助于材料的统计平均结果来描述,而在介观系统中,由于其所处的尺度的影响,围绕物理可观测量平均特征的涨落显得更为重要。介观系统所遵循的物理规律仍然是以量子力学为基础的,规律与尺度特征的结合使其表现出既不同于宏观系统,也不同于原子尺度的物理属性。对介观系统中所表现出来的特性的研究,一方面不断丰富着介观量子理论的知识,新发现的现象为制作新的量子器件提供了丰富的思想,也许会成为下一代更小的集成电路的理论基础;另一方面从应用角度看,为降低微电路中的量子噪声、提高电路及器件工作的稳定性提供可行的分析思路。

介观系统中的标志性特征是明显呈现出量子相位相干效应。我们知道物体具有波动性,只不过宏观物体的质量很大,其德布罗意波长很小,波长远小于物体的线度,使得其波动性不明显。在量子力学中,当空间尺度达到与德布罗意波长相比拟时,粒子显示出波粒二象性。在微观世界中,如对于原子,其线度

约为 0.1 nm,与其相应的德布罗意波长相差不大,波动性显著。此时,经典的物理理论对微观粒子已不再适用,其特征必须由量子理论框架中的状态波函数(也称态函数)来描述,这种描述态的方式与经典粒子运动状态用某一时刻的粒子的坐标及动量(即相空间的一个点)来描述的方式不同,它反映了微观粒子的波粒二象性矛盾的统一。其中,波函数的相位表征粒子的量子相干,它的坐标、动量及能量和时间满足不确定关系。量子力学中波的相干叠加对于介观系统中的量子相位相干涨落显得非常重要。在经典力学中,一个波由若干子波相干叠加而成时,只不过表明这个合成的波含有各种成分的子波而已;而在量子力学中,波的叠加有了更为深刻的意义,即态的叠加原理可以认为是"波的相干叠加性"与"波函数完全描述一个微观体系的状态"两个概念的概括。一般情况下,若$|A\rangle$和$|B\rangle$是体系的可能状态,则它们的线性叠加$c_1|A\rangle + c_2|B\rangle = |R\rangle$($c_1, c_2$ 是常数)也是体系的一个可能状态。量子力学中的这种态叠加导致介观体系中的一些量子效应与观测结果出现不确定性。但一般情况下,波函数的量子行为会因大系统尺度大量粒子的热运动及散射等被破坏掉。

2.2.2　介观电路量子化中的幺正变换

在量子力学中,同一个量子态或算符可以根据所讨论的算符在不同的表象中表示,正如在解析几何中将这些不同的表示用坐标变换联系起来一样。在量子力学中,态或算符的不同表示可以借助于表象变换联系在一起,并且物理规律与所选的表示它们的坐标无关。量子力学中选用适当的表象或通过表象变换得到适当的表象,对简化计算过程、提高计算效率非常重要。

在量子力学中,根据态的叠加原理,任何一个量子态 φ 都可以看成是抽象的希尔伯特空间的一个"矢量",而体系的任何一组力学量完全集 F 的共同本征态 $\{\varphi_k\}$ 构成此态空间的一组正交归一完备矢量:

$$(\varphi_j, \varphi_k) = \delta_{jk} \tag{2-5}$$

以 $\{\varphi_k\}$ 为基底的表象,称为 F 表象。体系的任意一个量子态可以表示为:

$$\varphi = \sum_k a_k \varphi_k \tag{2-6}$$

其中,

$$a_k = (\varphi_k, \varphi) \tag{2-7}$$

同理考虑另一组力学量的完全集 F'，有以下关系：

$$(\varphi'_\alpha, \varphi'_\beta) = \delta_{\alpha\beta} \tag{2-8}$$

$$a'_\alpha = (\varphi'_\alpha, \varphi) \tag{2-9}$$

$$\varphi = \sum_k a_k \varphi_k = \sum_\alpha a'_\alpha \varphi'_\alpha \tag{2-10}$$

将式(2-10)左边乘以 φ'^*_α，由正交归一性可得：

$$a'_\alpha = \sum_k (\varphi'_\alpha, \varphi_k) a_k = \sum_k S_{\alpha k} a_k \tag{2-11}$$

其中，

$$S_{\alpha k} = (\varphi'_\alpha, \varphi_k) \tag{2-12}$$

用矩阵的形式表示式(2-11)得：

$$\begin{pmatrix} a'_1 \\ a'_2 \\ a'_3 \\ \vdots \\ a'_n \\ \vdots \end{pmatrix} = \begin{pmatrix} S_{11} S_{12} S_{13} \cdots \\ S_{21} S_{22} S_{23} \cdots \\ S_{31} S_{32} S_{33} \cdots \\ \vdots \\ S_{n1} S_{n2} S_{n3} \cdots S_{nn} \\ \vdots \end{pmatrix} \begin{pmatrix} a_1 \\ a_2 \\ a_3 \\ \vdots \\ a_n \\ \vdots \end{pmatrix} \tag{2-13}$$

为简单起见，记为：

$$a' = Sa \tag{2-14}$$

可以证明：

$$\left.\begin{array}{l} S^+ S = I \\ S S^+ = I \end{array}\right\} \tag{2-15}$$

（其中，I 是单位矩阵）及

$$S^+ = S^{-1} \tag{2-16}$$

满足式(2-16)的矩阵称为幺正矩阵，所以从一个表象到另一个表象的变换是幺正变换。在研究介观电路时，在对系统哈密顿量量子化处理的过程中，常常要借助幺正变换来实现，如图 2.12 所示。

$$\langle \varphi_s(t) \mid \varphi_e(t) \rangle = \langle \varphi_s(0) \mid U^+(t)\varphi_e(0) \rangle = \langle \varphi_s(0) \mid \varphi_e(0) \rangle$$

图 2.12　幺正变换示意图

2.2.3　介观电路量子化中的正则变换

在拉格朗日理论体系中，拉格朗日方程是一组由 N 个广义坐标表示的二阶常微分方程。这里“坐标”的含义已经超出几何的范畴，其真正含义就是“独立参量”。广义坐标包含着各式各样的“坐标”，它可以是线量，也可以是角量或面积、体积、磁化强度、电极化强度等其他物理量，广义速度可以是线速度、角速度或者其他物理量对时间的变化率等，在系统的位置，泛指系统的某种状态。足以描述（具有 s 个自由度）系统位置的任意量 $q_1, q_2, \cdots, q_s$ 叫作系统的广义坐标，而其对时间的微商 $\dot{q}_1, \dot{q}_1, \cdots, \dot{q}_s$ 则是广义速度。若运动由广义坐标来描述，则拉格朗日函数对广义速度的微商 $p_i = \dfrac{\partial L}{\partial q_i}$ $(i=1,2,\cdots,s)$ 称为广义动量，通常把广义坐标和广义动量这一对量称为正则共轭量。

利用广义坐标与广义速度表示拉格朗日函数如下：

$$\mathrm{d}L = \sum_i \frac{\partial L}{\partial q_i}\mathrm{d}q_i + \sum_i \frac{\partial L}{\partial \dot{q}_i}\mathrm{d}\dot{q}_i \tag{2-17}$$

根据上面对广义动量的定义，有：

$$\frac{\partial L}{\partial \dot{q}_i} = p_i \tag{2-18}$$

由拉格朗日方程可知：

$$\frac{\partial L}{\partial q_i} = \frac{\mathrm{d}}{\mathrm{d}t}\frac{\partial L}{\partial \dot{q}_i} = \dot{p}_i \tag{2-19}$$

由式(2－17)、式(2－18)及式(2－19)得:

$$\mathrm{d}L = \sum_i \dot{p}_i \mathrm{d}q_i + \sum_i p_i \mathrm{d}\dot{q}_i \tag{2-20}$$

又上式中有:

$$\sum_i p_i \mathrm{d}\dot{q}_i = \mathrm{d}\left(\sum_i p_i \dot{q}_i\right) - \sum_i \dot{q}_i p_i \tag{2-21}$$

由式(2－20)及式(2－21)整理后得:

$$\mathrm{d}\left(\sum_i p_i \dot{q}_i - L\right) = -\sum_i \dot{p}_i \mathrm{d}q_i + \sum_i \dot{q}_i p_i \tag{2-22}$$

又系统的哈密顿函数为:

$$H = H(q,p,t) = \sum_i p_i \dot{q}_i - L \tag{2-23}$$

由式(2－22)及式(2－23)得:

$$\mathrm{d}H = -\sum_i \dot{p}_i \mathrm{d}q_i + \sum_i \dot{q}_i p_i \tag{2-24}$$

对式(2－23)求微分,即:

$$\mathrm{d}H = \sum_i \frac{\partial H}{\partial q_i}\mathrm{d}q_i + \sum_i \frac{\partial H}{\partial p_i}\mathrm{d}p_i \tag{2-25}$$

对比式(2－24)与式(2－25)得:

$$\left.\begin{aligned} \dot{q}_i &= \frac{\partial H}{\partial p_i} \\ \dot{p}_i &= -\frac{\partial H}{\partial q_i} \end{aligned}\right\} \tag{2-26}$$

式(2－26)就是哈密顿正则方程(或称正则方程)。与拉格朗日方程相比较,哈密顿函数 $H(q_k,p_k,t)$ 和拉格朗日函数 $L(q_k,p_k,t)$ 都是描述系统状态的函数,由这两个函数可以建立有完整约束、受有势力作用系统的运动微分方程。从这个意义上讲,哈密顿正则方程与拉格朗日方程是等价的。

我们知道,拉格朗日方程的形式不会因为坐标的选择而异,即对于从 q_1,q_2,… 到任何另外独立变量 Q_1,Q_2,… 的变化而言,拉格朗日方程不变。新坐标 Q 与旧坐标 q 间满足如下关系:

$$q_i \to Q_i(q_1,q_2,\cdots,q_n)\ (i = 1,2,\cdots,n) \tag{2-27}$$

如式(2－27)所示的变换也称为点变换。

在点变换之下,拉格朗日方程形式的不变性也意味着哈密顿正则方程也保持自己的形式不变。实际上,哈密顿方程允许更多种类的变换。在此,动量 p 像坐标一样,也起着独立变量的作用。因此,这里变换这一概念可以扩大到 $2s$ 个独立变量 p 和 q 到新的变量 P 和 Q 依照下面的公式变换:

$$\left.\begin{aligned} Q_i &= Q_i(q,p,t) \\ P_i &= P_i(q,p,t) \end{aligned}\right\} \tag{2-28}$$

需要说明的是,并不是说当进行式(2-28)的变换时,方程总是保持自己的正则形式,还需要在一定的条件下,如在新的哈密顿函数为 $H' = H'(P,Q)$ 时,对于新的变量 P,Q,运动方程仍能保持如下的正则形式:

$$\left.\begin{aligned} \dot{Q}_i &= \frac{\partial H'}{\partial p_i} \\ \dot{P}_i &= -\frac{\partial H'}{\partial q_i} \end{aligned}\right\} \tag{2-29}$$

满足正则方程形式不变的变换式(2-28)即为正则变换。在解决介观电路系统哈密顿量量子化问题的过程中,正则变换也是常用的变换方法之一。

2.2.2 节和本节所述的幺正变换、正则变换以及线性变换(在介观耦合电路的量子化过程中经常用到的变换)在进行介观电路量子化的过程中常常用到,所以在本书中,凡是涉及此三种变换的方法统称为"变换法"。

2.3　典型介观电路分析

复杂电路的模型往往是在简单的基本模型基础上组合而成的,组成介观电路的基本模型大致有两个:LC 电路和 RLC 电路。

2.3.1　LC 电路模型及理论分析

介观 LC 电路是所有介观电路中形式最简单,同时也是最基本、最重要的电路单元。该电路是由一个电容和一个电感构成的,电路结构如图 2.13 所示。

图 2.13　经典 LC 电路

图 2.13 所示电路中的经典运动方程为：

$$L\frac{\mathrm{d}^2q}{\mathrm{d}t^2}+\frac{q}{C}=0 \tag{2-30}$$

令广义动量

$$p=L\frac{\mathrm{d}q}{\mathrm{d}t} \tag{2-31}$$

其动力学行为类似于一个经典的一维谐振子，有关量的对应关系如表 2.1 所示。

表 2.1　力学振子与介观谐振电路对应关系

对应关系	力学振子	介观谐振电路
运动微分方程	$\frac{\mathrm{d}^2x}{\mathrm{d}r^2}+\frac{k}{m}x=0$ $p_x=m\frac{\mathrm{d}x}{\mathrm{d}t}$	$\frac{\mathrm{d}^2q}{\mathrm{d}t^2}+\frac{1}{LC}q=0$ $p=L\frac{\mathrm{d}q}{\mathrm{d}t}$
谐振频率	$\omega=\sqrt{\frac{k}{m}}$	$\omega=\sqrt{\frac{1}{LC}}$
能量	$E=\frac{1}{2m}p_x^2+\frac{1}{2}kx^2$	$E=\frac{1}{2}\frac{p^2}{L}+\frac{1}{2}\frac{q^2}{C}$

在对此类型的电路进行研究时，往往采取与简谐振子相类比的方法(类比法)进行量子化，其运动学行为完全等效于一个量子谐振子。可选用电荷 q 以及与之共轭的广义电流 $p(p = L\dot{q})$ 作为正则变量，并将它们看作一对满足正则对易关系的线性厄米算符：

$$[\hat{q},\hat{p}] = i\hbar \tag{2-32}$$

在对 LC 电路进行量子化处理时，根据量子力学原理，即用相应的算符代替经典物理力学量，得到的哈密顿算符为：

$$\hat{H} = \frac{1}{2}\frac{\hat{p}^2}{L} + \frac{1}{2}\frac{\hat{q}^2}{C} \tag{2-33}$$

力学振子与介观谐振电路的哈密顿算符、对易关系、不确定关系、能量本征值和波函数的对应关系如表 2.2 所示。

表 2.2 力学振子与介观谐振电路的对应关系

对应关系	力学振子	介观谐振电路
哈密顿算符	$\hat{H} = \frac{1}{2m}\hat{p}_x^2 + \frac{1}{2}k\hat{x}^2$	$\hat{H} = \frac{1}{2}\frac{\hat{p}^2}{L} + \frac{1}{2}\frac{\hat{q}^2}{C}$
对易关系	$[\hat{x},\hat{p}_x] = i\hbar$	$[\hat{q},\hat{p}] = i\hbar$
不确定关系	$\overline{(\Delta x)^2} \times \overline{(\Delta p_x)^2} \geqslant \frac{\hbar^2}{4}$	$\overline{(\Delta q)^2} \times \overline{(\Delta p)^2} \geqslant \frac{\hbar^2}{4}$
能量本征值	$E_n = \hbar\omega\left(n + \frac{1}{2}\right)(n = 0,1,2,3,\cdots)$	
波函数	$\psi_n = N_n e^{-\frac{1}{2}\alpha^2 q^2} H_n(\alpha q)(n = 0,1,2,3,\cdots)$	

其中，$N_n = \sqrt{\frac{\alpha}{\sqrt{\pi}2^n n}}$，$\alpha = \sqrt{\frac{L\omega}{\hbar}}$，$\omega = \sqrt{\frac{1}{LC}}$。在表 2.2 中，$\hat{x}$、$\hat{p}_x$、$m$ 与 $\hat{q}$、$\hat{p}$、L 等在形式上的对应关系再次得到体现。显然，LC 电路的能量是量子化的，其最小能量为$\frac{1}{2}\hbar\omega$，称为零点能，零点能的存在是不确定性的必然结果。由上表可

见,介观电路中电荷和磁通是不对易的,它们之间存在着不确定关系,所以介观电路具有量子效应,必须要用区别于经典电路的量子理论来处理。在此基础上,人们讨论了绝对零度下介观 LC 电路在不同量子态及条件下的量子效应、压缩状态下的量子效应和量子隧道效应等。

到目前为止,本书已提到了常用的两种量子化的方法,即“变换法”及“类比法”。通常情况下,还存在第三种方法,就是直接考虑电荷量子化的前提下,将介观电路量子化,称为“直接量子化法”。当然,每种方法有其优点,但也有其局限性。

2.3.2 RLC 电路模型及理论分析

考虑到介观电路中存在一定耗散的情况,即电路中存在电阻的情况,本节将对另一种典型的介观电路模型,即介观 RLC 电路的量子化及量子涨落进行理论分析。介观 RLC 电路如图 2.14 所示。

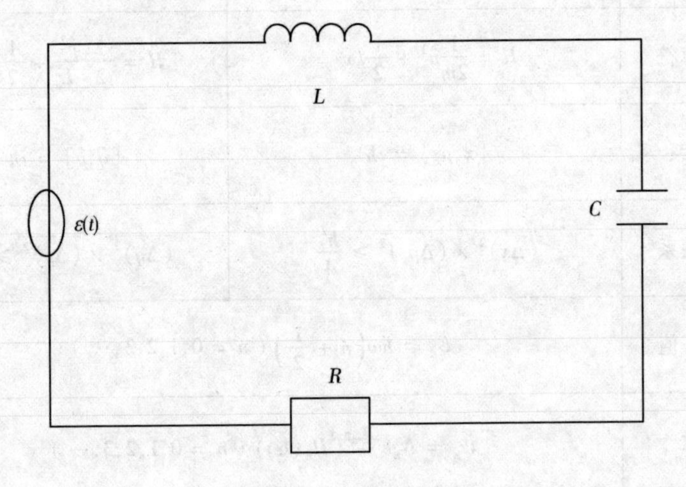

图 2.14　介观 RLC 电路

由前面的内容可知,在处理介观 LC 电路时,采用的是与经典谐振子量子化相类比的方法将其量子化,其中谐振子的坐标等效于介观电路中的电荷。而对于 RLC 电路而言,在进行量子化处理的过程中,情况就不同了,要借助于幺正变换及正则变换的方法,其一般思路如下:

首先根据基尔霍夫定律得到有源 RLC 介观电路运动方程为：

$$L\frac{\mathrm{d}^2q}{\mathrm{d}t^2}+R\frac{\mathrm{d}q}{\mathrm{d}t}+\frac{q}{C}=\varepsilon(t) \tag{2-34}$$

其中，L、R、C 分别为电路中的电感、电阻和电容，q 为电荷，$\varepsilon(t)$ 为电源。为了讨论一般情况，设 $\varepsilon(t)$ 为与时间有关的任意函数。据式(2-34)可得如下哈密顿形式：

$$H_q=\mathrm{e}^{-\frac{R}{L}t}\frac{p^2}{2L}+\mathrm{e}^{\frac{R}{L}t}\frac{q^2}{2C}-\mathrm{e}^{\frac{R}{L}t}q\varepsilon(t)+\alpha(t) \tag{2-35}$$

其中，q，p 分别为电路的电荷和电流，$\alpha(t)$ 为与时间有关的参量，任何与时间相关的 $\alpha(t)$ 都满足式(2-34)。所以，描述 RLC 介观电路的运动方程的哈密顿形式不是唯一的。由此可见，有源 RLC 介观电路的哈密顿形式等价于有源阻尼谐振子的哈密顿形式，做正则变换：

$$Q=\mathrm{e}^{\frac{R}{2L}t}q+f(t) \tag{2-36}$$

$$P=\mathrm{e}^{-\frac{R}{2L}t}p+\frac{R}{2}\left[\mathrm{e}^{\frac{R}{2L}t}q+f(t)\right]+g(t) \tag{2-37}$$

其中，$\hat{P}$，$\hat{Q}$ 满足下列对易关系：

$$[\hat{Q},\hat{P}]=i\hbar \tag{2-38}$$

可得到简化后的哈密顿算符：

$$\hat{H}_q=\frac{\hat{P}^2}{2L}+\frac{L}{2}\omega^2\hat{Q}^2 \tag{2-39}$$

式(2-39)也就是频率为 ω 的线性谐振子的哈密顿算符，这样我们通过正则变换将有源 RLC 介观电路的哈密顿量简化为线性谐振子的哈密顿量。

式(2-34)所对应的薛定谔方程为：

$$i\hbar\frac{\partial}{\partial t}|\varphi\rangle=\hat{H}_q|\varphi\rangle \tag{2-40}$$

其中，$|\varphi\rangle$ 为 q 表象中介观电路的波函数，为了得到其与 $\hat{Q}$ 表象的波函数的关系，定义幺正算符 $\hat{U}$ 为：

$$|\varphi\rangle=\hat{U}|\varphi\rangle \tag{2-41}$$

其中，

$$\hat{U} = e^{-\frac{iR}{4\hbar}q^2} e^{-\frac{i}{\hbar}g(t)q} e^{-\frac{i}{\hbar}f(t)p} e^{-\frac{iRt}{4\hbar L}(pq+qp)} \tag{2-42}$$

由式(2－41)可以计算出 RLC 介观电路中的广义坐标和广义动量的涨落：

$$(\Delta q)^2 = e^{-\frac{R}{L}t} \frac{\hbar}{2\omega L} \tag{2-43}$$

$$(\Delta p)^2 = e^{\frac{R}{L}t} \frac{\hbar\omega L}{2}\left(1 + \frac{R^2}{4\omega^2 L^2}\right) \tag{2-44}$$

这种涨落也在其他介观电路中普遍存在，量子涨落的大小不仅与系统所处的状态有关，还与回路自身的器件有关。研究这些介观电路的量子效应，对于进一步设计微小电路、降低噪声有一定的实际意义。

由式(2－43)和式(2－44)可知，RLC 介观电路中的广义坐标和广义动量两者之间的不确定关系为：

$$(\Delta q)(\Delta p) = \frac{\hbar}{2}\sqrt{1 + \frac{R^2}{4\omega^2 L^2}} \tag{2-45}$$

在 $R = 0$ 时有：

$$\overline{(\Delta q)^2} \times \overline{(\Delta p)^2} = \frac{\hbar^2}{4} \tag{2-46}$$

式(2－46)即为通常所说的不确定关系(不确定性原理)。

在此基础上，人们对介观 RLC 电路中的压缩真空态中的量子效应、量子波函数及其涨落、一定温度下的涨落及电路中的动力学行为等也有了更深入的探讨及研究。

2.3.3 介观耦合电路的发展

耦合通常是指两个或两个以上的电路元件或电网络的输入与输出之间存在紧密配合与相互影响，并通过相互作用从一侧向另一侧传输能量的现象。顾名思义，耦合电路就是指参与耦合过程的电路。实际应用中的微电路是比较复杂的，往往两个或多个介观电路之间也存在耦合。如介观尺度下的电容器，由于两极板间的间距很小，约为纳米数量级，在如此小的尺度下，电荷的输运将有可能保持它们的相位记忆，从而导致在电容器的两极板之间，电子的波函数将发生相干叠加，两极板之间的电子通过这种临近效应将形成弱耦合。

对耦合电路的研究也是在介观电路的基本模型的基础上从两网孔耦合电路逐步开始的。对两网孔介观电路的研究，学界几乎都是沿着从简单的无耗散到有耗散、从零度到有限温度、从无源到有源、从器件参数固定到器件参数随时间变化等路径进行的。此外，研究的过程中，不少于两网孔的介观电路耦合元件的种类和个数也在逐渐增多，如图 2.15 所示。

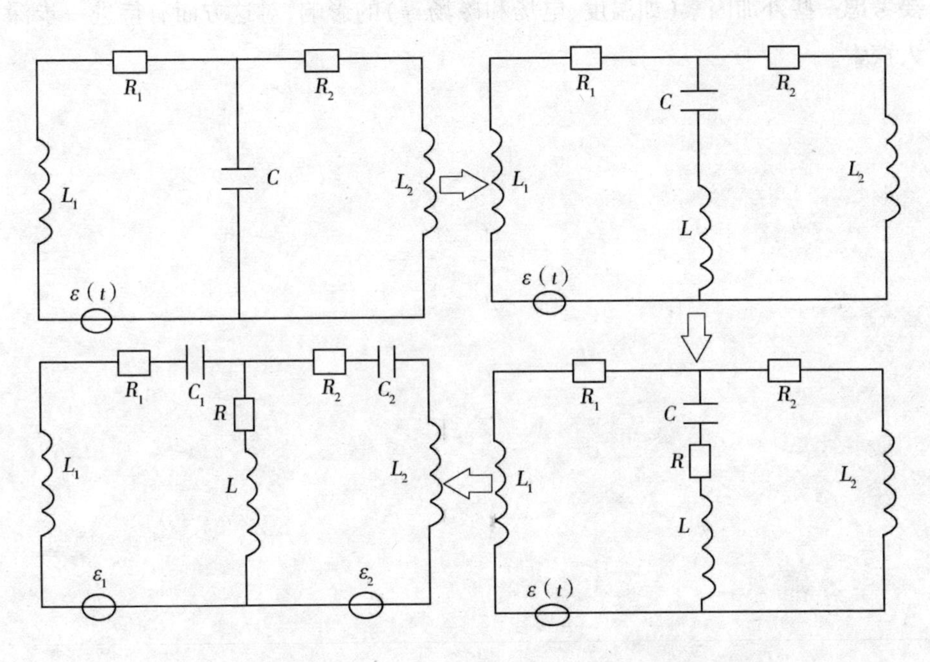

图 2.15　两网孔介观耦合电路量子效应发展路径示意图

在对介观耦合电路进行量子化的过程中，除了用到幺正变换和正则变换外，一般还要借助如下形式共轭量的线性变换：

$$\left.\begin{aligned}
Q'_1 &= (L_1/L_2)^{\frac{1}{4}}Q_1\cos\frac{\varphi}{2} - (L_2/L_1)^{\frac{1}{4}}Q_2\sin\frac{\varphi}{2} \\
Q'_2 &= (L_1/L_2)^{\frac{1}{4}}Q_1\sin\frac{\varphi}{2} + (L_2/L_1)^{\frac{1}{4}}Q_2\cos\frac{\varphi}{2} \\
I'_1 &= (L_2/L_1)^{\frac{1}{4}}I_1\cos\frac{\varphi}{2} - (L_1/L_2)^{\frac{1}{4}}I_2\sin\frac{\varphi}{2} \\
I'_2 &= (L_2/L_1)^{\frac{1}{4}}I_1\sin\frac{\varphi}{2} + (L_1/L_2)^{\frac{1}{4}}I_2\cos\frac{\varphi}{2}
\end{aligned}\right\} \qquad (2-47)$$

目前文献中对两网孔耦合的处理,几乎都是通过类似的线性变换来实现的。当网孔增加到三孔时,很难再找到类似上述的线性变换方法,这种方法的局限性会体现出来。在对于三网孔介观电路量子化时,一般采用了 IWOP(有序算符内积分)的知识。从目前的文献看,研究介观电路的思路、方法及研究的因素也日趋多样化,无论是网孔的数量还是耦合元件的个数都日趋增加,而且还要考虑一些外加因素(如温度、电场和磁场等)的影响,对这方面有待进一步深入探索。

第 3 章　介观耦合电路中的量子效应

对于微观粒子,原则上可以对薛定谔方程进行严格的或近似的求解。对于宏观物质的研究,考虑大量粒子的平均性质,则应用统计力学的方法。处于介观尺度的材料,一方面含有大量粒子,因而无法用薛定谔方程求解;另一方面粒子数并没有多到可以忽略统计涨落的程度,这种涨落称为介观涨落,是介观材料的一个重要特征。本章将重点研究无耗散及耗散情况下介观耦合电路中的量子涨落。

3.1　无耗散介观电容耦合电路中的量子涨落

在介观耦合电路中,相对比较简单的是无耗散的单元件耦合电路。本节先借助于变换法对无耗散介观电容耦合电路进行量子化,然后分析电路中的量子涨落。

3.1.1　模型构建及结构特征

本节所分析的电路模型如图 3.1 所示。其中, L_1 和 L_2 分别为左右两个回路中的电感, C_1 为左回路中的电容, C 为两个回路的耦合电容, $\varepsilon(t)$ 为左回路中的电源。

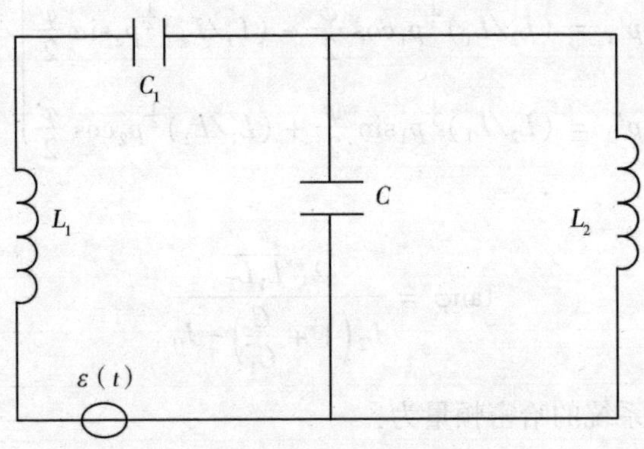

图 3.1　无耗散介观电容耦合电路

3.1.2 电路系统的量子化

在研究介观电路量子效应时,把哈密顿量量子化是关键。根据基尔霍夫定律,电路的经典运动方程可写为:

$$L_1 \frac{d^2 q_1}{dt^2} + \frac{q_1}{C_1} + \frac{q_1 - q_2}{C} = \varepsilon(t) \tag{3-1}$$

$$L_2 \frac{d^2 q_2}{dt^2} - \frac{q_1 - q_2}{C} = 0 \tag{3-2}$$

当 $\varepsilon(t) = 0$ 时,式(3-1)和式(3-2)可写成如下哈密顿形式:

$$H = \frac{P_1^2}{2L_1} + \frac{P_2^2}{2L_2} + \frac{q_1^2}{2C_1} + \frac{(q_1 - q_2)^2}{2C} \tag{3-3}$$

其中,$p_i = L_i \frac{dq_i}{dt}(i = 1,2)$ 为广义动量,它的厄米算符 $\hat{p}_i$ 和 q_i 的厄米算符 $\hat{q}_i$ 满足下面的对易关系:

$$[\hat{q}_i, \hat{p}_i] = i\hbar \tag{3-4}$$

为了将系统的哈密顿量量子化,对电路中的电荷和电流做如下线性变换:

$$\left.\begin{aligned}
q'_1 &= (L_1/L_2)^{\frac{1}{4}} q_1 \cos\frac{\varphi}{2} - (L_2/L_1)^{\frac{1}{4}} q_2 \sin\frac{\varphi}{2} \\
q'_1 &= (L_1/L_2)^{\frac{1}{4}} q_1 \sin\frac{\varphi}{2} + (L_2/L_1)^{\frac{1}{4}} q_2 \cos\frac{\varphi}{2} \\
p'_1 &= (L_2/L_1)^{\frac{1}{4}} p_1 \cos\frac{\varphi}{2} - (L_1/L_2)^{\frac{1}{4}} p_2 \sin\frac{\varphi}{2} \\
p'_2 &= (L_2/L_1)^{\frac{1}{4}} p_1 \sin\frac{\varphi}{2} + (L_1/L_2)^{\frac{1}{4}} p_2 \cos\frac{\varphi}{2}
\end{aligned}\right\} \tag{3-5}$$

令

$$\tan\varphi = \frac{2\sqrt{L_1 L_2}}{L_2\left(1 + \frac{C}{C_1}\right) - L_1} \tag{3-6}$$

则可得量子化后系统的哈密顿量为:

$$\hat{H} = \frac{1}{2\sqrt{L_1 L_2}}(p'^2_1 + p'^2_2) + \frac{\alpha}{2}q'^2_1 + \frac{\beta}{2}q'^2_2 \tag{3-7}$$

式(3－7)中

$$\alpha = \sqrt{\frac{L_2}{L_1}}\left(\frac{1}{C} + \frac{1}{C_1}\right)\cos^2\frac{\varphi}{2} + \sqrt{\frac{L_1}{L_2}}\frac{1}{C}\sin^2\frac{\varphi}{2} + \frac{\sin\varphi}{C} \tag{3-8}$$

$$\beta = \sqrt{\frac{L_2}{L_1}}\left(\frac{1}{C} + \frac{1}{C_1}\right)\sin^2\frac{\varphi}{2} + \sqrt{\frac{L_1}{L_2}}\frac{1}{C}\cos^2\frac{\varphi}{2} + \frac{\sin\varphi}{C} \tag{3-9}$$

由式(3－7)可以看出,系统的哈密顿量即为两个独立的量子谐振子的哈密顿量的代数和。ω_1 和 ω_2 分别为这两个谐振子的频率:

$$\omega_1 = \left(\frac{\alpha}{\sqrt{L_1 L_2}}\right)^{\frac{1}{2}} \tag{3-10}$$

$$\omega_2 = \left(\frac{\beta}{\sqrt{L_1 L_2}}\right)^{\frac{1}{2}} \tag{3-11}$$

所以,在 $\varepsilon(t) = 0$ 时耦合电路的能谱为:

$$E_{n_1 n_2} = \left(n_1 + \frac{1}{2}\right)\hbar\omega_1 + \left(n_2 + \frac{1}{2}\right)\hbar\omega_2 \tag{3-12}$$

其本征矢量为:

$$|\psi_{n_1,n_2}\rangle = |n_1\rangle \otimes |n_2\rangle \tag{3-13}$$

其中,$n_1, n_2 = 0,1,2,\cdots$。上式中 $|n_1\rangle$ 与 $|n_2\rangle$ 分别是频率为 ω_1 与 ω_2 的两个谐振子的本征矢量。

3.1.3　数值计算与结果分析

为了求得系统电荷与电流的量子涨落,对上述两个独立的量子谐振子引入如下升降算符:

$$a_i = \left(\frac{\omega_i\sqrt{L_1 L_2}}{2\hbar}\right)^{\frac{1}{2}}\left(q'_i + \frac{i}{\omega_i\sqrt{L_1 L_2}}p'_i\right) \tag{3-14}$$

$$a_i^+ = \left(\frac{\omega_i\sqrt{L_1 L_2}}{2\hbar}\right)^{\frac{1}{2}}\left(q'_i - \frac{i}{\omega_i\sqrt{L_1 L_2}}p'_i\right) \tag{3-15}$$

结合式(3－14)可得:

$$[a_i, a_i^+] = 1 \tag{3-16}$$

$$[a_i,a_j]=[a_i^+,a_j^+]=[a_i,a_j^+]=0(i\neq j) \tag{3-17}$$

由式(3-14)和式(3-15)得：

$$q'_i=\left(\frac{\hbar}{2\omega_i\sqrt{L_1L_2}}\right)^{\frac{1}{2}}(a_i^++a_i) \tag{3-18}$$

$$p'_i=i\left(\frac{\hbar\omega_i\sqrt{L_1L_2}}{2}\right)^{\frac{1}{2}}(a_i^+-a_i) \tag{3-19}$$

其中，式(3-14)~(3-19)中 $i=1,2$。

由此可以求出 q'_i 和 p'_i 的平均值和方均值为：

$$\langle q'_i\rangle=\langle p'_i\rangle=0 \tag{3-20}$$

$$\langle q'^{\,2}_i\rangle=\frac{1}{\omega_i\sqrt{L_1L_2}}\frac{\hbar}{2}(2n_i+1) \tag{3-21}$$

$$\langle p'^{\,2}_i\rangle=\frac{\hbar}{2}\omega_i\sqrt{L_1L_2}(2n_i+1) \tag{3-22}$$

由式(3-5)及式(3-20)~(3-22)可得电路中电荷与电流的量子涨落为：

$$\langle q_1\rangle=\langle p_1\rangle=0 \tag{3-23}$$

$$\langle q_1^2\rangle=\frac{\hbar}{2L_1}\left[\frac{1}{\omega_1}(2n_1+1)\cos^2\frac{\varphi}{2}+\frac{1}{\omega_2}(2n_2+1)\sin^2\frac{\varphi}{2}\right] \tag{3-24}$$

$$\langle q_2^2\rangle=\frac{\hbar}{2L_2}\left[\frac{1}{\omega_1}(2n_1+1)\sin^2\frac{\varphi}{2}+\frac{1}{\omega_2}(2n_2+1)\cos^2\frac{\varphi}{2}\right] \tag{3-25}$$

$$\langle p_1^2\rangle=\frac{\hbar L_1}{2}\left[\omega_1(2n_1+1)\cos^2\frac{\varphi}{2}+\omega_2(2n_2+1)\sin^2\frac{\varphi}{2}\right] \tag{3-26}$$

$$\langle p_2^2\rangle=\frac{\hbar L_2}{2}\left[\omega_1(2n_1+1)\sin^2\frac{\varphi}{2}+\omega_2(2n_2+1)\cos^2\frac{\varphi}{2}\right] \tag{3-27}$$

由式(3-24)~(3-27)可见，量子化后的耦合电路未接电源时，在其任意本征态下，每个回路中的电荷和电流的平均值均为零，但它们的涨落不为零，即每个回路都存在电荷与电流的量子涨落。从上面各式还可以看出，两个回路中的电荷与电流的量子涨落是相互关联的。

3.2　无耗散介观电感耦合电路中的能量涨落

随着人们对介观系统研究的不断深入,相应的研究方法及研究对象也不断扩展。本节主要借助于广义 H - F 定理对介观电感耦合电路中的能量涨落进行研究,这一节是本章的重点。

3.2.1　广义 H - F 定理及应用

在量子力学中,有不少定理是关于能量本征值问题的。其中,应用最广泛的就是广义 H - F 定理。因为定理本身反映了能量本征值及各种力学量的平均值随参数变化的规律,因此,只要求出体系的能量本征值,借助于 H - F 定理就可以得到关于各种力学量平均值的信息,从而避免了利用波函数进行烦琐的计算,更有利于分析一些复杂的问题。

设$\hat{H}(\lambda)$是体系中含有参量 λ 的哈密顿算符,相应的本征值和本征函数分别为 $E_n(\lambda)$ 和 $\psi_n(\lambda)$,则有:

$$H(\lambda)\psi_n(\lambda) = E_n(\lambda)\psi_n(\lambda) \tag{3-28}$$

式(3 - 28)中,对参量 λ 求导,得

$$\left(\frac{\partial \hat{H}}{\partial \lambda}\right)\varphi_n + H\frac{\partial}{\partial \lambda}\varphi_n = \left(\frac{\partial E_n}{\partial \lambda}\right)\varphi_n + E_n\frac{\partial}{\partial \lambda}\varphi \tag{3-29}$$

对式(3 - 29)两边同乘以 φ_n^*,可得:

$$\left[\varphi_n,\left(\frac{\partial \hat{H}}{\partial \lambda}\right)\varphi_n\right] + \left(\varphi_n, H\frac{\partial}{\partial \lambda}\varphi_n\right) = \left(\frac{\partial E_n}{\partial \lambda}\right)(\varphi_n,\varphi_n) + E_n\left(\varphi_n,\frac{\partial}{\partial \lambda}\varphi_n\right) \tag{3-30}$$

根据 H 的厄米性,有:

$$\left(\varphi_n, H\frac{\partial}{\partial \lambda}\varphi_n\right) = \left(H\varphi_n,\frac{\partial}{\partial \lambda}\varphi_n\right) = E_n\left(\varphi_n,\frac{\partial}{\partial \lambda}\varphi_n\right) \tag{3-31}$$

做如下假设:

$$(\varphi_n,\varphi_n) = 1 \tag{3-32}$$

由式(3－30)～(3－32)得：

$$\left[\varphi_n,\left(\frac{\partial H}{\partial\lambda}\right)\varphi_n\right] = \frac{\partial E}{\partial\lambda} \tag{3-33}$$

这就是 H－F 定理。

设 ρ 为密度算符，则有：

$$\hat{\rho} = \mathrm{e}^{-\beta\hat{H}},\beta = (KT)^{-1} \tag{3-34}$$

其中，K 为玻尔兹曼常数，T 为温度。

能量的平均值为：

$$\langle H(\lambda)\rangle_{\mathrm{e}} = \frac{1}{Z(\lambda)}Tr[\rho H(\lambda)] = \frac{1}{Z(\lambda)}\sum_j \mathrm{e}^{-\beta E_j(\lambda)}E_j(\lambda) \equiv \bar{E}(\lambda) \tag{3-35}$$

上式中 $Z = Tr(\rho)$ 是配分函数，则有：

$$\frac{\partial\bar{E}(\lambda)}{\partial\lambda} = \frac{1}{Z(\lambda)}\left\{\sum_j \mathrm{e}^{-\beta E_j(\lambda)}[-\beta E_j(\lambda) + \beta\bar{E}(\lambda) + 1]\frac{\partial E_j(\lambda)}{\partial\lambda}\right\} \tag{3-36}$$

由式(3－33)和式(3－36)可得混合态的广义 H－F 定理：

$$\frac{\partial}{\partial\lambda}\langle H(\lambda)\rangle_{\mathrm{e}} = \frac{\partial\bar{E}(\lambda)}{\partial\lambda} = \left\{[1 + \beta\bar{E}(\lambda) - \beta H(\lambda)]\frac{\partial H(\lambda)}{\partial\lambda}\right\}_{\mathrm{e}} \tag{3-37}$$

这里 $\hat{H}$ 与 β 无关，式(3－33)可写成：

$$\frac{\partial\bar{E}(\lambda)}{\partial\lambda} = \frac{\partial}{\partial\beta}\left[\beta\langle\frac{\partial H(\lambda)}{\partial\lambda}\rangle_{\mathrm{e}}\right] \tag{3-38}$$

3.2.2 模型构建及结构特征

在 3.1 节中研究了电容耦合电路中的量子涨落问题，本节将研究无耗散介观电路的电感耦合电路中的有关能量涨落的问题。本节所要研究的模型也是在介观 LC 电路的基础上组合而成的，此耦合电路也是无耗散介观电路，但与 3.1节中所不同的是耦合的元件发生了变化，由原来的电容换成了电感，右回路中也比图 3.1 中多了一个电容。从结构上比较,本节研究的电路比 3.1 节要复杂一点。本节所研究的电路模型的两个 LC 电路是通过一个电感耦合组成的,电路结构如图 3.2 所示。

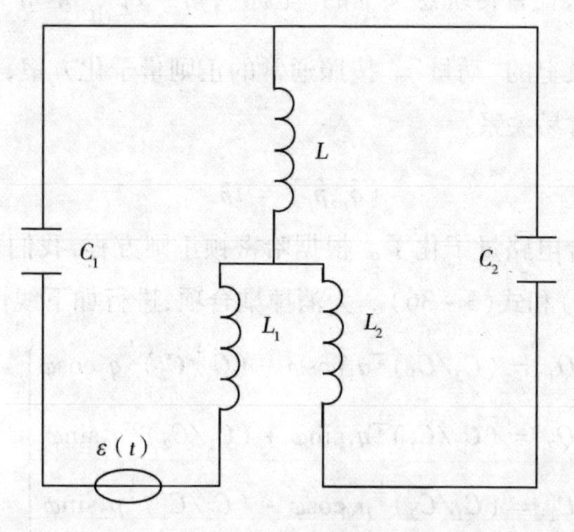

图 3.2　无耗散介观电感耦合电路

图 3.2 中 $\varepsilon(t)$ 为其中一个回路中的电源, L_j $(j=1,2)$代表每个回路中的电感, L 是处于两回路间的耦合电感。

本节在对介观电感耦合电路进行量子化的基础上,利用广义 H－F 定理,对电路中能量的涨落进行研究,找出影响能量涨落大小的因素,从而为处于介观尺度内的微电路工作时能量转化率的提高提供可行的思路,具有一定的实际意义。

3.2.3　电路系统的量子化

对于图 3.2 所示的电路,根据基尔霍夫定律可得电路的运动方程为:

$$L_1\frac{\mathrm{d}^2q_1}{\mathrm{d}t^2}+\frac{q_1}{C_1}+L\left(\frac{\mathrm{d}^2q_1}{\mathrm{d}t^2}-\frac{\mathrm{d}^2q_2}{\mathrm{d}t^2}\right)=\varepsilon(t) \tag{3-39}$$

$$L_2\frac{\mathrm{d}^2q_2}{\mathrm{d}t^2}+\frac{q_2}{C_2}-L\left(\frac{\mathrm{d}^2q_1}{\mathrm{d}t^2}-\frac{\mathrm{d}^2q_2}{\mathrm{d}t^2}\right)=0 \tag{3-40}$$

其中, q_j 是储存在电容 C_j 中的电荷 $(j=1,2)$ 。相应系统的哈密顿量为:

$$H = \frac{p_1^2}{2L_1} + \frac{p_2^2}{2L_2} + \frac{q_1^2}{2C_1} + \frac{q_2^2}{2C_2} + \frac{1}{2}L\left(\frac{p_1}{L_1} - \frac{p_2}{L_2}\right)^2 - q_1\varepsilon(t) \tag{3-41}$$

其中,q_j 表示电荷,代替传统意义上的“坐标”,$p_j = L_j\frac{\mathrm{d}q_j}{\mathrm{d}t}$ 是 q_j 的共轭变量,表示电流代替传统意义上的“动量”。按照通常的正则量子化方案,这对物理量 q_j 和 p_j 之间满足下列对易关系:

$$[\hat{q}_j, \hat{p}_j] = i\hbar \tag{3-42}$$

这就把此电感耦合电路量子化了。根据哈密顿正则方程,我们可以验证式(3-37)满足式(3-35)和式(3-36)。为消掉耦合项,进行如下线性变换:

$$\left.\begin{aligned}
Q_1 &= (C_2/C_1)^{\frac{1}{4}}q_1\cos\varphi - (C_1/C_2)^{\frac{1}{4}}q_2\cos\varphi \\
Q_2 &= (C_2/C_1)^{\frac{1}{4}}q_1\sin\varphi + (C_1/C_2)^{\frac{1}{4}}q_2\sin\varphi \\
P_1 &= (C_1/C_2)^{\frac{1}{4}}p_1\cos\varphi - (C_2/C_1)^{\frac{1}{4}}p_2\sin\varphi \\
P_1 &= (C_1/C_2)^{\frac{1}{4}}p_1\sin\varphi - (C_2/C_1)^{\frac{1}{4}}p_2\cos\varphi
\end{aligned}\right\} \tag{3-43}$$

并取

$$\tan2\varphi = 2L\left[L_2\sqrt{\frac{C_2}{C_1}}\left(1 + \frac{L}{L_1}\right) - L_1\sqrt{\frac{C_1}{C_2}}\left(1 + \frac{L}{L_2}\right)\right]^{-1} \tag{3-44}$$

$$\mu_1 = \left[\sqrt{\frac{C_2}{C_1}}\left(1 + \frac{L}{L_1}\right)\cos^2\varphi + \sqrt{\frac{C_1}{C_2}}\left(1 + \frac{L}{L_2}\right)\sin^2\varphi + \frac{L}{L_1L_2}\sin2\varphi\right]^{-1} \tag{3-45}$$

$$\mu_2 = \left[\sqrt{\frac{C_2}{C_1}}\left(1 + \frac{L}{L_1}\right)\sin^2\varphi + \sqrt{\frac{C_1}{C_2}}\left(1 + \frac{L}{L_2}\right)\cos^2\varphi + \frac{L}{L_1L_2}\sin2\varphi\right]^{-1} \tag{3-46}$$

很显然式(3-41)是两个独立的量子谐振子的哈密顿量之和,其频率为:

$$\omega_j = \sqrt{\frac{1}{L_jC_j}}\,(j = 1,2) \tag{3-47}$$

令

$$
\left.\begin{aligned}
a_k^+ &= \sqrt{\frac{\mu_k}{\omega_k}}\left(q_k - \frac{i}{\mu_k \omega_k} p_k\right) \\
a_k &= \sqrt{\frac{\mu_k}{\omega_k}}\left(q_k + \frac{i}{\mu_k \omega_k} p_k\right)
\end{aligned}\right\} \tag{3-48}
$$

由式(3-48)可以得到下面的对易关系:

$$
[a_k, a_k^+] = 1 \tag{3-49}
$$

然后,就可以得到对角化后系统的哈密顿量:

$$
\hat{H} = \left(\hat{a}_1\ \hat{a}_1^+ + \frac{1}{2}\right)\hbar\omega_1 + \left(\hat{a}_2\ \hat{a}_2^+ + \frac{1}{2}\right)\hbar\omega_2 \tag{3-50}
$$

3.2.4　数值计算与结果分析

由式(3-50)可以得到电感耦合电路的能量表达式:

$$
E = \sum_{i=1,2} \hbar\omega_i \left(n_i + \frac{1}{2}\right) \tag{3-51}
$$

由式(3-35)可得:

$$
\begin{aligned}
\frac{\partial \langle \hat{H} \rangle_{\mathrm{e}}}{\partial \beta} &= -\frac{Tr(\mathrm{e}^{-\beta\hat{H}}\ \hat{H}^2)}{Tr(\mathrm{e}^{-\beta\hat{H}})} - \frac{Tr(\mathrm{e}^{-\beta\hat{H}}\ \hat{H})\ \frac{\partial}{\partial\beta}Tr(\mathrm{e}^{-\beta\hat{H}})}{[Tr(\mathrm{e}^{-\beta\hat{H}})]^2} \\
&= -\langle \hat{H}^2 - \bar{E}^2 \rangle_{\mathrm{e}} = -(\Delta\hat{H})^2
\end{aligned} \tag{3-52}
$$

由相关参考文献可知:

$$
\bar{E}(0) = \frac{1}{2}\hbar\omega\coth\frac{\beta\hbar\omega}{2} \tag{3-53}
$$

其中,

$$
\beta = (kT)^{-1} \tag{3-54}
$$

因此,体系的能量涨落为:

$$
\begin{aligned}
(\Delta\hat{H})^2 &= \langle \hat{H}^2 - \bar{E}^2 \rangle_{\mathrm{e}} = -\frac{\partial \langle \hat{H} \rangle_{\mathrm{e}}}{\partial \beta} = \\
&\frac{\hbar^2\omega_1^2}{4}\coth^2\frac{\beta\hbar\omega_1}{2} + \frac{\hbar^2\omega_2^2}{4}\coth^2\frac{\beta\hbar\omega_2}{2}
\end{aligned} \tag{3-55}
$$

很显然,从式(3-47)、式(3-54)和式(3-55)可以看出,影响电感耦合电路能量涨落的因素包括温度和组成电路自身器件的参数。这一结果对介观电路中的能量及微电路中信号的稳定性问题的研究提供了有益的帮助。

3.3 耗散介观电容耦合电路中的量子涨落

本节在对耗散介观电容耦合电路量子化的基础上,分析了电荷与电流在能量本征态下的量子涨落,并对研究结果进行讨论。

3.3.1 模型构建及结构特征

在图3.3所示耦合电路中, L_1 和 L_2 分别为左右两个回路中的电感, C_1 和 C_2 分别为左右回路中的电容, C 为两个回路的耦合电容, $\varepsilon(t)$ 为左回路中的电源。图3.3与前面所研究的电路图的不同点是在左右两个回路中分别存在电阻 R_1 和 R_2, 即电路中存在耗散。

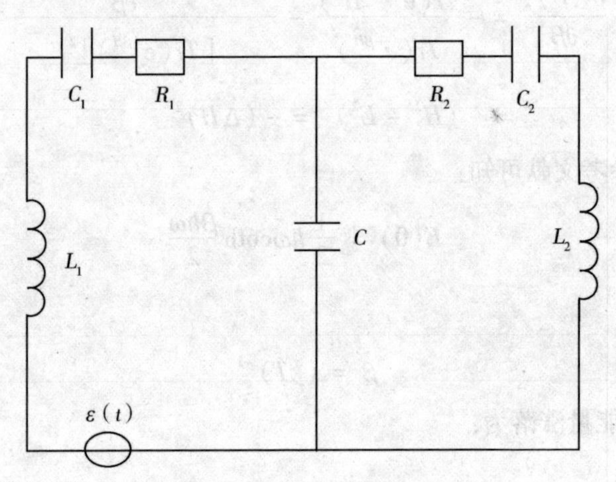

图3.3 耗散介观电容耦合电路

3.3.2 电路系统的量子化

$q_1(t)$ 和 $q_2(t)$ 分为两回路中的电荷，令 $i_1 = \dot{q}_1$ 和 $i_2 = \dot{q}_2$。图 3.3 所示电路的经典运动方程为：

$$L_1\ddot{q}_1 + R_1\dot{q}_1 + \frac{q_1}{C_1} + \frac{q_1 - q_2}{C} = \varepsilon(t) \tag{3-56}$$

$$L_2\ddot{q}_2 + R_2\dot{q}_2 + \frac{q_2}{C_2} + \frac{q_2 - q_1}{C} = 0 \tag{3-57}$$

由式(3-56)和式(3-57)得：

$$\dot{i}_1 = -\lambda_1 i_1 - \frac{q_1}{L_1C_1} - \frac{q_1 - q_2}{L_1C} + \frac{\varepsilon(t)}{L_1},\left(\lambda_1 = \frac{R_1}{L_1}\right) \tag{3-58}$$

$$\dot{i}_2 = -\lambda_2 i_2 - \frac{q_2}{L_2C_2} - \frac{q_2 - q_1}{L_2C},\left(\lambda_2 = \frac{R_2}{L_2}\right) \tag{3-59}$$

引入正则变换：

$$Q_s = q_s\exp(\lambda_s t/2) \tag{3-60}$$

$$I_s = (L_s i_s + R_s q_s/2)\exp(\lambda_s t/2) \tag{3-61}$$

易证：

$$[Q_s, I_s] = j\hbar\ (s = 1,2) \tag{3-62}$$

当 $\varepsilon(t) = 0$ 时，根据哈密顿正则方程可得系统的哈密顿量为：

$$H = \frac{I_1^2}{2L_1} + \frac{I_2^2}{2L_2} + \frac{1}{2}L_1\Omega_1^2Q_1^2 + \frac{1}{2}L_2\Omega_2^2Q_2^2 + \frac{1}{2}L_1\omega_1^2(Q_1 - Q_2)^2 + \frac{1}{2}L_2\omega_2^2(Q_2 - Q_1)^2 \tag{3-63}$$

对式(3-63)做适当的线性变换后，整理可得量子化后的哈密顿量为：

$$H = \frac{I_1'^2}{2\sqrt{L_1L_2}} + \frac{I_2'^2}{2\sqrt{L_1L_2}} + \frac{\alpha}{2}Q_1'^2 + \frac{\beta}{2}Q_2'^2 \tag{3-64}$$

其中，

$$\alpha = \left[\frac{\sqrt{L_1L_2}}{2}\Omega_1^2 + C\left(\frac{L_2}{L_1}\right)^{\frac{1}{2}}\right]\cos^2\frac{\varphi}{2} + \left[\frac{\sqrt{L_1L_2}}{2}\Omega_2^2 + C\left(\frac{L_1}{L_2}\right)^{\frac{1}{2}}\right]\sin^2\frac{\varphi}{2} - C\sin\varphi \tag{3-65}$$

$$\beta = \left[\frac{\sqrt{L_1L_2}}{2}\Omega_1^2 + C\left(\frac{L_2}{L_1}\right)^{\frac{1}{2}}\right]\sin^2\frac{\varphi}{2} + \left[\frac{\sqrt{L_1L_2}}{2}\Omega_2^2 + C\left(\frac{L_1}{L_2}\right)^{\frac{1}{2}}\right]\cos^2\frac{\varphi}{2} - C\sin\varphi \tag{3-66}$$

从式(3－64)可以看出，经过线性变换后，哈密顿量的耦合项被消除，化为两个彼此独立的线性谐振子的哈密顿量代数之和。

根据量子力学理论，耗散介观电容耦合电路的能谱和系统的本征矢量分别为：

$$E_{n_1,n_2} = \left(n_1 + \frac{1}{2}\right)\hbar\gamma_1 + \left(n_2 + \frac{1}{2}\right)\hbar\gamma_2 \tag{3-67}$$

$$|\psi_{n_1,n_2}\rangle = |n_1\rangle \otimes |n_2\rangle \tag{3-68}$$

其中，$n_1, n_2 = 0,1,2,3,\cdots$，$|n_1\rangle$ 和 $|n_2\rangle$ 分别为单个谐振子的本征矢量。

3.3.3 数值计算与结果分析

为求系统处在任意的本征态下电路中电荷、电流的量子涨落，对于上述两个独立的谐振子，引入推广的湮灭和产生算符：

$$a_s = \left(\frac{M_s\gamma_s}{2\hbar}\right)^{\frac{1}{2}}\left(Q'_s + \frac{j}{M_s\gamma_s}I'_s\right) \tag{3-69}$$

$$a_s^+ = \left(\frac{M_s\gamma_s}{2\hbar}\right)^{\frac{1}{2}}\left(Q'_s - \frac{j}{M_s\gamma_s}I'_s\right)\ (s = 1,2) \tag{3-70}$$

由 $[\hat{Q}'_s, \hat{I}'_s] = j\hbar$ 可得 $[a_s, a_s^+] = 1$，由式(3－69)～(3－70)可得：

$$\left.\begin{aligned} Q'_s &= \left(\frac{\hbar}{2M_s\gamma_s}\right)^{\frac{1}{2}}(a_s^+ + a_s) \\ I'_s &= j\left(\frac{\hbar M_s\gamma_s}{2}\right)^{\frac{1}{2}}(a_s^+ - a_s) \end{aligned}\right\} \tag{3-71}$$

由式(3－71)可得 Q'_s 和 I'_s $(s = 1,2)$ 的涨落平均值和方均值为：

$$\left.\begin{aligned}&\langle Q'_s\rangle=\langle I'_s\rangle=0\\&\langle Q_s'^2\rangle=\hbar(2n+1)/2M_s\gamma_s\\&\langle I_s'^2\rangle=\hbar M_s\gamma_s(2n+1)/2\end{aligned}\right\}\tag{3-72}$$

$$\left.\begin{aligned}&\langle(\Delta Q'_s)^2\rangle=\langle Q'^2_s\rangle\\&\langle(\Delta I'_s)^2\rangle=\langle I'^2_s\rangle\\&\langle(\Delta Q'_s)^2\rangle\langle(\Delta I'_s)^2\rangle=\frac{\hbar^2}{4}(2n+1)^2\end{aligned}\right\}\tag{3-73}$$

由式(3－72)结合相关线性变换可得式(3－68)下耗散介观电容电路中的 Q_s、I_s 量子涨落的平均值和方均值为：

$$\langle Q_s\rangle=\langle I_s\rangle=0(s=1,2)\tag{3-74}$$

$$\langle Q_1^2\rangle=\frac{\hbar}{2L_1}\left[(2n_1+1)\frac{1}{\gamma_1}\cos^2\frac{\varphi}{2}+(2n_2+1)\frac{1}{\gamma_2}\sin^2\frac{\varphi}{2}\right]\tag{3-75}$$

$$\langle Q_2^2\rangle=\frac{\hbar}{2L_2}\left[(2n_1+1)\frac{1}{\gamma_1}\sin^2\frac{\varphi}{2}+(2n_2+1)\frac{1}{\gamma_2}\cos^2\frac{\varphi}{2}\right]\tag{3-76}$$

$$\langle I_1^2\rangle=\frac{L_1\hbar}{2}\left[(2n_1+1)\gamma_1\cos^2\frac{\varphi}{2}+(2n_2+1)\gamma_2\sin^2\frac{\varphi}{2}\right]\tag{3-77}$$

$$\langle I_2^2\rangle=\frac{L_2\hbar}{2}\left[(2n_1+1)\gamma_1\cos^2\frac{\varphi}{2}+(2n_2+1)\gamma_2\sin^2\frac{\varphi}{2}\right]\tag{3-78}$$

其中，$n_1,n_2=1,2,3,\cdots$。故电路中电荷及电流的量子涨落为：

$$\langle(\Delta Q_s)^2\rangle=\langle Q_s^2\rangle-\langle Q_s\rangle^2=\langle Q_s^2\rangle\tag{3-79}$$

$$\langle(\Delta I_s)^2\rangle=\langle I_s^2\rangle-\langle I_s\rangle^2=\langle I_s^2\rangle\tag{3-80}$$

由式(3－75)～(3－80)可知，在未接通电源时，耗散介观电容耦合电路的电荷和广义电流在能量本征态下的平均值为零，但其方均值不为零，即电路中的电荷与电流均存在量子涨落，而且每个回路的电荷及电流的量子涨落不仅与其所处的量子态有关，还与两回路的器件参数有关，故可通过适当控制器件参数来降低电路的量子噪声，提高电路及器件的工作效率。

3.4 耗散介观电阻电感耦合电路中的量子涨落

在介观电路存在耗散的情况下,3.3 节研究了单元件电容耦合电路,本节接着探讨两元件电感和电阻耦合电路情况下的量子涨落。本节先对介观电感和电阻耦合电路进行了量子化,然后分析了耦合部分的电感和电阻对量子涨落的影响。

3.4.1 模型构建与结构特征

正如前面所述,阻尼 RLC 电路与阻尼谐振子的运动方程在形式上相同,对于阻尼谐振子,体系与谐振子热库之间的相互作用能够产生阻尼,在阻尼电路中,谐振子热库等效于晶格振动产生的众多声子形成的声子库。本节在考虑了电阻产生的物理机理即电子和声子的碰撞后,讨论了分回路和电路耦合部分都有电阻时,含时介观耦合电路的量子化及其中的量子涨落。

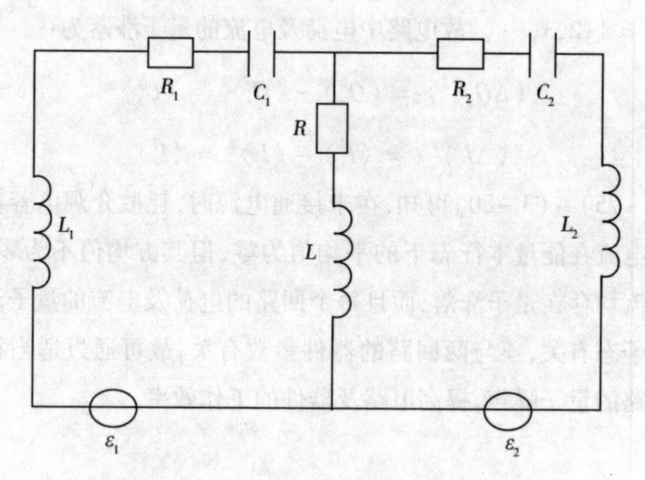

图 3.4 耗散介观电阻电感耦合电路

在图 3.4 中, R_i 、L_i 和 ε_i $(i=1,2)$ 分别表示左右两个回路中的电荷、电阻、电感和电源, R 和 L 是两耦合元件。

3.4.2　电路系统的量子化

如图 3.4 所示,当介观电路的两个回路和耦合部分都有电阻时,电荷满足的方程为:

$$\frac{\mathrm{d}(L_1\dot{q}_1)}{\mathrm{d}t}+\frac{q_1}{C_1}+\frac{\mathrm{d}[L(\dot{q}_1-\dot{q}_2)]}{\mathrm{d}t}+R_1\dot{q}_1+R(\dot{q}_1-\dot{q}_2)=\varepsilon_1 \tag{3-81}$$

$$\frac{\mathrm{d}(L_2\dot{q}_2)}{\mathrm{d}t}+\frac{q_2}{C_2}-\frac{\mathrm{d}[L(\dot{q}_1-\dot{q}_2)]}{\mathrm{d}t}+R_2\dot{q}_2-R(\dot{q}_1-\dot{q}_2)=\varepsilon_2 \tag{3-82}$$

式(3-81)和式(3-82)的形式对电容和电感是否含时都适用。经过构造适当的哈密顿量后,最终得到的电路各处有电阻时耦合电路的方程为:

$$\frac{\mathrm{d}(L_1\dot{q}_1)}{\mathrm{d}t}+\frac{q_1}{C_1}+\frac{\mathrm{d}[L(\dot{q}_1-\dot{q}_2)]}{\mathrm{d}t}+R_1\dot{q}_1+R(\dot{q}_1-\dot{q}_2)=\varepsilon_1+f_1(t)+f(t) \tag{3-83}$$

$$\frac{\mathrm{d}(L_2\dot{q}_2)}{\mathrm{d}t}+\frac{q_2}{C_2}-\frac{\mathrm{d}[L(\dot{q}_1-\dot{q}_2)]}{\mathrm{d}t}+R_2\dot{q}_2-R(\dot{q}_1-\dot{q}_2)=\varepsilon_2+f_2(t)-f(t) \tag{3-84}$$

其中,

$$f_1(t)=-\sum_j C_j\left(x_{j0}\cos\omega_j t+\dot{x}_{j0}\frac{\sin\omega_j t}{\omega_j}\right) \tag{3-85}$$

$$f_2(t)=-\sum_l C_l\left(y_{l0}\cos\omega_l t+\dot{y}_{l0}\frac{\sin\omega_l t}{\omega_l}\right) \tag{3-86}$$

$$f(t)=-\sum_k C_k\left(z_{k0}\cos\omega_k t+\dot{z}_{k0}\frac{\sin\omega_k t}{\omega_k}\right) \tag{3-87}$$

在式(3-85)~(3-87)中, $f_1(t)$ 、$f_2(t)$ 和 $f(t)$ 的物理意义是热库中振子布朗运动产生的力。

式(3-83)和式(3-84)的解可以写成两部分的叠加:一部分是 $f_1(t)$ 、$f_2(t)$ 和 $f(t)$ 都是零的情况,即热库不存在的情况;另一部分是由 $f_1(t)$ 、$f_2(t)$ 和

$f(t)$引起的解。本节只讨论热库不存在的情况，令

$$\frac{R_1}{L_1}=\frac{R_2}{L_2}=\frac{R}{L}=\gamma \tag{3-88}$$

此时有效的哈密顿量可以写为：

$$H=\frac{1}{2m_1}p_1^2+\frac{1}{2m_2}p_2^2-\frac{l_r}{2}\left(\frac{p_1}{m_1}-\frac{p_2}{m_2}\right)^2+\frac{q_1^2}{2c_1}+\frac{q_2^2}{2c_2} \tag{3-89}$$

其中，$m_i=L_i\exp(\gamma t)$，$c_i=C_i\exp(-\gamma t)$，$l_r=L_r\exp(\gamma t)$。

结合式(3－89)运用哈密顿正则方程及为将哈密顿对角化而引入的变换后整理得：

$$H=\frac{P_1^2}{2M_1}+\frac{P_2^2}{2M_2}+\frac{1}{2}M_1\omega_1^2Q_1^2+\frac{1}{2}M_2\omega_2^2Q_2^2 \tag{3-90}$$

其中，

$$\frac{1}{M_1}=\frac{C_1(L+L_1)\sin^2\varphi+C_2(L+L_2)\cos^2\varphi-L\sqrt{C_1C_2}\sin2\varphi}{(LL_1+LL_2+L_1L_2)\sqrt{C_1C_2}}\mathrm{e}^{-\gamma t} \tag{3-91}$$

$$\frac{1}{M_2}=\frac{C_1(L+L_1)\cos^2\varphi+C_2(L+L_2)\sin^2\varphi-L\sqrt{C_1C_2}\sin2\varphi}{(LL_1+LL_2+L_1L_2)\sqrt{C_1C_2}}\mathrm{e}^{-\gamma t} \tag{3-92}$$

$$M_1\omega_1^2=M_2\omega_2^2=\frac{1}{\sqrt{C_1C_2}} \tag{3-93}$$

$$\tan2\varphi=\frac{2\sqrt{C_1C_2}L}{C_1(L+L_1)-C_2(L+L_2)} \tag{3-94}$$

3.4.3 数值计算与结果分析

式(3－90)中振子 Q_1 和 Q_2 是相互独立的，所以系统的波函数是两个振子 Q_1 和 Q_2 的乘积。耦合电路中电荷与电流的量子涨落为：

$$\langle\Delta q_1^2\rangle=\frac{\hbar}{2}\sqrt{\frac{C_1}{C_2}}\left(\frac{\sin^2\varphi}{M_2\omega_2}+\frac{\cos^2\varphi}{M_1\omega_1}\right) \tag{3-95}$$

$$\langle\Delta q_2^2\rangle=\frac{\hbar}{2}\sqrt{\frac{C_2}{C_1}}\left(\frac{\cos^2\varphi}{M_2\omega_2}+\frac{\sin^2\varphi}{M_1\omega_1}\right) \tag{3-96}$$

$$\langle \Delta p_1^2 \rangle = \frac{\hbar}{2}\sqrt{\frac{C_2}{C_1}}(M_2\omega_2 \sin^2\varphi + M_1\omega_1 \cos^2\varphi) \tag{3-97}$$

$$\langle \Delta p_2^2 \rangle = \frac{\hbar}{2}\sqrt{\frac{C_1}{C_2}}(M_2\omega_2 \cos^2\varphi + M_1\omega_1 \sin^2\varphi) \tag{3-98}$$

由电荷与电流所满足的正则方程及式(3－95)～(3－98)可证明,电荷和电流的量子涨落随时间呈指数减小,而且长时间后会趋向于0,这是阻尼系统空间的特点。通过解运动方程,也会得到长时间后电荷与电流随时间指数衰减的结论。

3.5　耗散介观电容电阻电感耦合电路中的量子涨落

经过不断对小尺度导体所产生的噪声从理论和实验上探索和发展,研究领域已经进入介观尺度。现在的技术水平已经使所研究样品的线度远小于单电子的相位相干长度,许多宏观物理的经典理论已不再适用于介观系统。人们对介观电路做了大量的研究并取得了一些具有建设性的成果,如陈斌等人对真空态介观电路中的量子涨落的研究、王继锁等人对介观电容耦合电路中量子涨落的研究、嵇英华等人对介观电感耦合电路中量子涨落的研究等。本节分别对单元件与两元件的耗散介观电路进行分析,在对相对更为复杂的耗散介观电路进行量子化的基础上,对电容电阻电感三元件耦合电路中的量子涨落进行研究。

3.5.1　模型构建及结构特征

本节所研究的介观电路的模型中除了分回路部分存在耗散外,在耦合部分也存在耗散。电路结构图如图 3.5 所示。

无论从电路的分回路部分还是耦合部分,图 3.5 所示的电路都比前面的要相对复杂些,并且充分考虑到了各部分存在阻尼的情况。在图 3.5 所示的电路中 $\varepsilon(t)$ 是其中一个回路的电源,L_k 和 $R_k(k=1,2)$ 为分回路部分的电感和电阻，C、R、L 是耦合部分电路的元件。

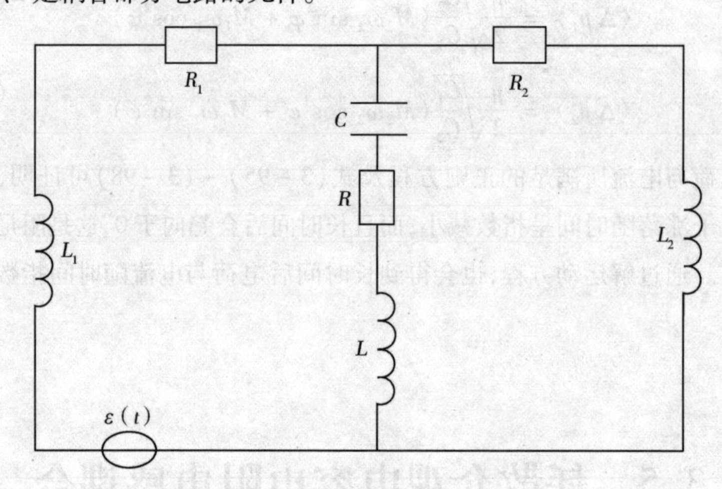

图 3.5　耗散介观电容电阻电感耦合电路

3.5.2　电路系统的量子化

$q_k(t)$ 为回路中的电荷，对于图 3.5 所示的三元件介观耦合电路，根据基尔霍夫定律，其经典的运动方程为：

$$L_1\frac{\mathrm{d}q_1^2}{\mathrm{d}t^2}+R_1\frac{\mathrm{d}q_1}{\mathrm{d}t}+L\left(\frac{\mathrm{d}q_1^2}{\mathrm{d}t^2}-\frac{\mathrm{d}q_2^2}{\mathrm{d}t^2}\right)+R\left(\frac{\mathrm{d}q_1}{\mathrm{d}t}-\frac{\mathrm{d}q_2}{\mathrm{d}t}\right)+\frac{(q_1-q_2)}{C}=\varepsilon(t) \tag{3-99}$$

$$L_2\frac{\mathrm{d}q_2^2}{\mathrm{d}t^2}+R_2\frac{\mathrm{d}q_2}{\mathrm{d}t}-L\left(\frac{\mathrm{d}q_1^2}{\mathrm{d}t^2}-\frac{\mathrm{d}q_2^2}{\mathrm{d}t^2}\right)-R\left(\frac{\mathrm{d}q_1}{\mathrm{d}t}-\frac{\mathrm{d}q_2}{\mathrm{d}t}\right)-\frac{(q_1-q_2)}{C}=0 \tag{3-100}$$

为了得到式(3-99)和式(3-100)，构造如下哈密顿量：

$$H_q = \frac{P_1^2}{2L_1} + \frac{P_2^2}{2L_2} - \frac{1}{2}\frac{LL_1L_2}{LL_1 + LL_2 + L_1L_2}\left(\frac{P_1}{L_1} - \frac{P_2}{L_2}\right)^2 + \frac{(q_1 - q_2)^2}{2C} - q_1\varepsilon(t) +$$

$$\frac{1}{2}L_1(\Delta\omega_1)^2q_1^2 + \frac{1}{2}L_2(\Delta\omega_2)^2q_2^2 + \frac{1}{2}L(\Delta\omega)^2(q_1 - q_2)^2 +$$

$$\sum_j\left(\frac{P_j^2}{2} + \frac{1}{2}\omega_j^2x_i^2\right) + q_2\sum_l D_ly_l + \sum_l\left(\frac{P_l^2}{2} + \frac{1}{2}\omega_l^2x_i^2\right) +$$

$$(q_1 - q_2)\sum_i E_iz_i + \sum_i\left(\frac{P_i^2}{2} + \frac{1}{2}\omega_i^2x_i^2\right) \tag{3-101}$$

式(3-101)中,$L_1(\Delta\omega_1)^2$、$L_2(\Delta\omega_2)^2$ 和 $L(\Delta\omega)^2$ 是重整化常数,它们满足一定的关系,x_i、y_l 和 z_i 分别是热库中谐振子的坐标,D_l 和 E_i 是每个回路中电荷与声子的耦合常数。

我们知道,电源对电荷与电流的平均值有作用,但不影响量子涨落。因此研究当 $\varepsilon(t) = 0$ 时介观电路中的量子涨落。电路中各支路中的电阻和相应电感的比值及耦合部分电阻和电感的比值 $\frac{R_1}{L_1}$、$\frac{R_2}{L_2}$ 和 $\frac{R}{L}$ 的大小关系有很多种情况,为了得到频率的精确解,使问题简单化,假设电阻和相应电感的比值为一个常数:

$$\frac{R_1}{L_1} = \frac{R_2}{L_2} = \frac{R}{L} = \gamma \tag{3-102}$$

因此,式(3-101)可写成如下简化后的哈密顿形式:

$$H_q = e^{-\gamma t}\left[\frac{P_1^2}{2L_1} + \frac{P_2^2}{2L_2} - \frac{1}{2}\frac{LL_1L_2}{LL_1 + LL_2 + L_1L_2}\left(\frac{P_1}{L_1} - \frac{P_2}{L_2}\right)^2\right] + e^{\gamma t}\frac{(q_1 - q_2)^2}{2C} \tag{3-103}$$

其中,q_k 是电路总的电荷,代替传统意义上的“坐标”,其共轭变量 p_k 则代表电流,代替传统意义上的“动量”。

将式(3-103)代入哈密顿方程:

$$\left.\begin{aligned}\dot{q} &= \frac{\partial H}{\partial p}\\ \dot{p} &= -\frac{\partial H}{\partial q}\end{aligned}\right\} \tag{3-104}$$

得到式(3－99)和式(3－100),这说明式(3－103)所给出的哈密顿量是正确的。

根据量子化原则,为进一步简化式(3－103),变量(q_k,p_k)按照如下形式转化成(Q_k,P_k):

$$\begin{pmatrix} Q_1 \\ Q_2 \end{pmatrix} = e^{\frac{\gamma t}{2}} \begin{pmatrix} \mu\cos\frac{\varphi}{2} & -\nu\sin\frac{\varphi}{2} \\ \mu\sin\frac{\varphi}{2} & \nu\cos\frac{\varphi}{2} \end{pmatrix} \begin{pmatrix} q_1 \\ q_2 \end{pmatrix} \tag{3-105}$$

$$\begin{pmatrix} P_1 \\ P_2 \end{pmatrix} = e^{-\frac{\gamma t}{2}} \begin{pmatrix} \frac{1}{\mu}\cos\frac{\varphi}{2} & -\frac{1}{\nu}\sin\frac{\varphi}{2} \\ \frac{1}{\mu}\sin\frac{\varphi}{2} & \frac{1}{\nu}\cos\frac{\varphi}{2} \end{pmatrix} \begin{pmatrix} p_1 \\ p_2 \end{pmatrix} + e^{\frac{\gamma t}{2}} \begin{pmatrix} \frac{\gamma\alpha_1}{2} & 0 \\ 0 & \frac{\gamma\alpha_2}{2} \end{pmatrix} \begin{pmatrix} \mu\cos\frac{\varphi}{2} & -\nu\sin\frac{\varphi}{2} \\ \mu\sin\frac{\varphi}{2} & \nu\cos\frac{\varphi}{2} \end{pmatrix} \begin{pmatrix} q_1 \\ q_2 \end{pmatrix} \tag{3-106}$$

其中,

$$\left.\begin{aligned} \mu &= \left(\frac{L_1}{L_2}\right)^{\frac{1}{4}} \\ \nu &= \frac{1}{\mu} = \left(\frac{L_2}{L_1}\right)^{\frac{1}{4}} \end{aligned}\right\} \tag{3-107}$$

$$\tan\varphi = \frac{2\sqrt{L_1 L_2}L}{L_2(L+L_1) - L_1(L+L_2)} \tag{3-108}$$

$$\alpha_1 = \frac{(LL_1 + LL_2 + L_1L_2)\sqrt{L_1L_2}}{L_2(L+L_1)\left(\sin\frac{\varphi}{2}\right)^2 + L_1(L+L_2)\left(\cos\frac{\varphi}{2}\right)^2 - \sqrt{L_1L_2}L\sin\varphi} \tag{3-109}$$

$$\alpha_2 = \frac{(LL_1 + LL_2 + L_1L_2)\sqrt{L_1L_2}}{L_2(L+L_1)\left(\cos\frac{\varphi}{2}\right)^2 + L_1(L+L_2)\left(\sin\frac{\varphi}{2}\right)^2 + \sqrt{L_1L_2}L\sin\varphi} \tag{3-110}$$

通过变量(q_k,p_k)到(Q_k,P_k)的变换,式(3－105)和式(3－107)不总是

满足正则变换表示，为了把(Q_k,P_k)变成正则坐标，哈密顿量应仅由式(3－103)、变换式(3－105)和式(3－106)决定。在两个表象中，变量(q_k,p_k)和(Q_k,P_k)必须满足下列关系式：

$$\sum_{i=1}^{2} P_i \dot{Q}_i - H_Q = \sum_{i=1}^{2} p_i \dot{q}_i - H_q + \frac{\mathrm{d}F}{\mathrm{d}t} \tag{3-111}$$

其中，可以把 q_k ，p_k 表示成 Q_k 和 P_k 的函数，即确定了一个正则变换，故 F 称为生成函数，每一个正则变换都可以用一个生成函数来刻画，生成函数也可能是一个相空间的时间独立函数，因为变量(Q_k ，P_k)是相互独立的，方程可以被表示为如下形式：

$$P_1 \dot{Q}_1 + P_2 \dot{Q}_2 - H_Q(Q,P,t) = p_1\left(\frac{\partial q_1}{\partial Q_1}\dot{Q}_1 + \frac{\partial q_1}{\partial P_1}\dot{P}_1 + \frac{\partial q_1}{\partial t}\right) +$$

$$p_2\left(\frac{\partial q_2}{\partial Q_2}\dot{Q}_2 + \frac{\partial q_2}{\partial P_2}\dot{P}_2 + \frac{\partial q_2}{\partial t}\right) - H_q(q_i,p_i,t) +$$

$$\frac{\partial F(Q,P,t)}{\partial Q}\dot{Q} + \frac{\partial F(Q,P,t)}{\partial P}\dot{P} + \frac{\partial F(Q,P,t)}{\partial t} \tag{3-112}$$

式(3－112)中，通过对比 ($\dot{Q}_k,\dot{P}_k$) 的系数，可得：

$$P_j - \sum_{i=1}^{2} p_i \frac{\partial q_i}{\partial Q_j} = \frac{\partial F}{\partial Q_j} \tag{3-113}$$

$$-\sum_{i=1}^{2} p_i \frac{\partial q_i}{\partial P_j} = \frac{\partial F}{\partial P_j} \tag{3-114}$$

和

$$H_Q = H_q - \sum_{i=1}^{2} p_i \frac{\partial q_i}{\partial t} - \frac{\partial F}{\partial t} \tag{3-115}$$

将式(3－105)和式(3－106)代入式(3－113)和式(3－114)，生成函数为：

$$F = \frac{1}{2}\sum_{i=1}^{2} \frac{\gamma}{2}\alpha_i Q_i^2 \tag{3-116}$$

将式(3－102)、式(3－104)、式(3－105)和式(3－116)代入式(3－115)，即可得到转换后的介观电路的哈密顿量：

$$H_Q = \frac{P_1^2}{2\alpha_1} + \frac{P_2^2}{2\alpha_2} + \frac{1}{2}\beta_1 Q_1^2 + \frac{1}{2}\beta_2 Q_2^2 \tag{3-117}$$

其中，

$$\beta_1 = \frac{1}{C}\left[\frac{\sqrt{L_1}\left(\cos\frac{\varphi}{2}\right)^2}{\sqrt{L_2}} + \frac{\sqrt{L_2}\left(\sin\frac{\varphi}{2}\right)^2}{\sqrt{L_1}}\right] + \sin\varphi - \frac{\alpha_1\gamma^2}{4} \quad (3-118)$$

$$\beta_2 = \frac{1}{C}\left[\frac{\sqrt{L_1}\left(\sin\frac{\varphi}{2}\right)^2}{\sqrt{L_2}} + \frac{\sqrt{L_2}\left(\cos\frac{\varphi}{2}\right)^2}{\sqrt{L_1}}\right] - \sin\varphi - \frac{\alpha_2\gamma^2}{4} \quad (3-119)$$

根据量子力学相关知识，我们可以用 $\hat{q}_i$ 和 $\hat{p}_i$ 代替 q_i 和 p_i，由式(3－117)得量子化后的哈密顿量为：

$$\hat{H}_Q = \sum_{k=1}^{2}\left(\frac{\hat{P}_k^2}{2\alpha_k} + \frac{1}{2}\alpha_k\omega_k^2\hat{Q}_k^2\right) \quad (3-120)$$

其中，

$$\omega_k = \sqrt{\frac{\beta_k}{\alpha_k}} \quad (3-121)$$

此处两个谐振子的频率分别为 ω_1 和 ω_2，可分别视为两个简谐振子的频率，可以看出式(3－120)即为两个独立的量子力学谐振子的哈密顿量的代数和。

3.5.3 数值计算与结果分析

通过哈密顿式(3－101)，可以得到薛定谔方程：

$$i\hbar\frac{\partial}{\partial t}|\Psi_{n_1,n_2}\rangle = \hat{H}_q|\Psi_{n_1,n_2}\rangle \quad (3-122)$$

其中，$|\Psi_{n_1,n_2}\rangle$ 是在 $\hat{q}$ 表象中的波函数。通过幺正算符 $\hat{U}$ 可以得到此函数在 $\hat{Q}$ 表象中的波函数，引入如下幺正变换算符 $\hat{U}$，则有：

$$|\Psi_{n_1,n_2}\rangle = \hat{U}|\Psi'_{n_1,n_2}\rangle \quad (3-123)$$

其中，

$$\hat{U} = \hat{U}_1\hat{U}_2\hat{U}_3 \quad (3-124)$$

式(3－124)中 $\hat{U}_1$、$\hat{U}_2$、$\hat{U}_3$ 分别定义为：

$$\hat{U}_1 = e^{\frac{i}{2\hbar}\left(\ln\mu+\frac{\gamma}{2}t\right)(\hat{p}_1\hat{q}_1+\hat{q}_1\hat{p}_1)}\,e^{\frac{i}{2\hbar}\left(\ln\nu+\frac{\gamma}{2}t\right)(\hat{p}_2\hat{q}_2+\hat{q}_2\hat{p}_2)} \quad (3-125)$$

$$\hat{U}_2 = e^{\frac{i}{\hbar}\frac{\varphi}{2}(\hat{p}_2\hat{q}_1 - \hat{p}_1\hat{q}_2)} \tag{3-126}$$

$$\hat{U}_3 = e^{-\frac{i\gamma}{4\hbar}(\alpha_1\hat{q}_1^2 + \alpha_2\hat{q}_2^2)} \tag{3-127}$$

那么,根据式(3－123)和式(3－124),转换后的哈密顿量可以写为:

$$\hat{H}_q = \hat{U}^{-1}\hat{H}_q\hat{U} - i\hbar\hat{U}^{-1}\frac{\partial\hat{U}}{\partial t} = \sum_{k=1}^{2}\left(\frac{\hat{p}_k^2}{2\alpha_k} + \frac{\beta_k}{2}\hat{q}_k^2\right) \tag{3-128}$$

这样,式(3－123)给出的关系即被证实,同时也说明了式(3－125)~(3－127)是合理的。

根据如下关于电荷与电流的涨落的定义式:

$$(\Delta\hat{q}_k)^2 = \langle\Psi_{n_1,n_2}|\hat{q}_k^{\ 2}|\Psi_{n_1,n_2}\rangle - (\langle\Psi_{n_1,n_2}|\hat{q}_k|\Psi_{n_1,n_2}\rangle)^2 \tag{3-129}$$

$$(\Delta\hat{p}_k)^2 = \langle\Psi_{n_1,n_2}|\hat{p}_k^{\ 2}|\Psi_{n_1,n_2}\rangle - (\langle\Psi_{n_1,n_2}|\hat{p}_k|\Psi_{n_1,n_2}\rangle)^2 \tag{3-130}$$

结合式(3－123)~(3－127),可得电路中电荷与电流的量子涨落分别为:

$$(\Delta\hat{q}_1)^2 = \left(\frac{L_2}{L_1}\right)^{\frac{1}{2}} e^{-\gamma t}\left(\frac{\cos^2\frac{\varphi}{2}}{\alpha_1\omega_1} + \frac{\sin^2\frac{\varphi}{2}}{\alpha_2\omega_2}\right)\frac{\hbar}{2} \tag{3-131}$$

$$(\Delta\hat{q}_2)^2 = \left(\frac{L_1}{L_2}\right)^{\frac{1}{2}} e^{-\gamma t}\left(\frac{\sin^2\frac{\varphi}{2}}{\alpha_1\omega_1} + \frac{\cos^2\frac{\varphi}{2}}{\alpha_2\omega_2}\right)\frac{\hbar}{2} \tag{3-132}$$

$$(\Delta\hat{p}_1)^2 = \left(\frac{L_1}{L_2}\right)^{\frac{1}{2}} e^{-\gamma t}\left[\alpha_1\omega_1\left(1 + \frac{\gamma^2}{4\omega_1^2}\right)\cos^2\frac{\varphi}{2} + \alpha_2\omega_2\left(1 + \frac{\gamma^2}{4\omega_2^2}\right)\sin^2\frac{\varphi}{2}\right]\frac{\hbar}{2} \tag{3-133}$$

$$(\Delta\hat{p}_2)^2 = \left(\frac{L_2}{L_1}\right)^{\frac{1}{2}} e^{-\gamma t}\left[\alpha_1\omega_1\left(1 + \frac{\gamma^2}{4\omega_1^2}\right)\sin^2\frac{\varphi}{2} + \alpha_2\omega_2\left(1 + \frac{\gamma^2}{4\omega_2^2}\right)\cos^2\frac{\varphi}{2}\right]\frac{\hbar}{2} \tag{3-134}$$

由式(3－102)、式(3－109)、式(3－110)、式(3－118)、式(3－119)、式(3－131)及式(3－133)可以看出,电路中电荷与电流的量子涨落不仅与自身电路器件的参数(L_1 和 R_1)及耦合部分的参数(L 和 C)有关,还受另外一个电路中的参数(L_2 和 R_2)的影响。

同理，由式(3-102)、式(3-109)、式(3-110)、式(3-118)、式(3-119)、式(3-121)、式(3-132)和式(3-134)，可以得出同样的结论。还可以看出，两回路中的量子涨落相互影响。

由此可得电路中电荷与电流的不确定关系为：

$$(\Delta \hat{q}_k)^2 (\Delta \hat{p}_k)^2 = \frac{\hbar^2}{4}\left\{\left(1 + \frac{\gamma^2}{4\omega_1^2}\right)\sin^4\frac{\varphi}{2} + \frac{1}{4}\sin^2\varphi\left[\lambda\left(1 + \frac{\gamma^2}{4\omega_1^2}\right) + \frac{1}{\lambda}\left(1 + \frac{\gamma^2}{4\omega_2^2}\right)\right] + \left(1 + \frac{\gamma^2}{4\omega_2^2}\right)\cos^4\frac{\varphi}{2}\right\} \tag{3-135}$$

其中，

$$\lambda = \frac{\alpha_1\omega_1}{\alpha_2\omega_2} \tag{3-136}$$

显然，由式(3-102)、式(3-109)、式(3-113)、式(3-118)、式(3-119)、式(3-121)和式(3-135)可知，介观耗散电路中电荷和电流的量子涨落也与其中元件的参数有关。

本节利用正则变换、幺正变换及量子力学的相关知识，对耗散介观电容电阻电感耦合电路中的量子涨落进行了研究。研究结果表明，电路中电荷和电流的量子涨落不仅与各回路中的元件参数及耦合部分的元件参数有关，还会受到另一回路中的元件参数的影响，即两回路中的量子涨落是相互关联的。由于电路中的量子噪声会影响信号的稳定性和精确度，故研究影响耗散介观三元件耦合电路中的量子涨落的因素显得很重要。本章得出的结论将对深入分析复杂的介观多元件耦合电路、进一步掌握其中量子的运动规律提供有益的参考与帮助。

第 4 章　热态下介观耦合电路中的量子效应

第 3 章分析了无耗散和耗散情况下的介观耦合电路中的量子效应。本章将重点分析和研究热态下介观耦合电路中的量子效应,研究结果丰富了介观量子理论并对未来量子器件的设计有所帮助。

4.1　热态下介观电容耦合电路中的量子涨落

本节将借助于热场动力学(TFD)理论对在热真空态的电容耦合电路的量子涨落进行分析。

4.1.1　模型构建与结构特征

本节所分析的电路模型如图 4.1 所示,其中,L_1、R_1、C_1 和 L_2、R_2、C_2 分别是两回路中的电感、电阻和电容,C 是两回路间的耦合电容,ε 是其中一个回路的电源。该模型与 3.1 节所研究的模型相同,不同的是本节所分析的是在热真空态下的量子涨落,条件相比 3.1 节稍加复杂,并且所用的分析问题的方法也不同。

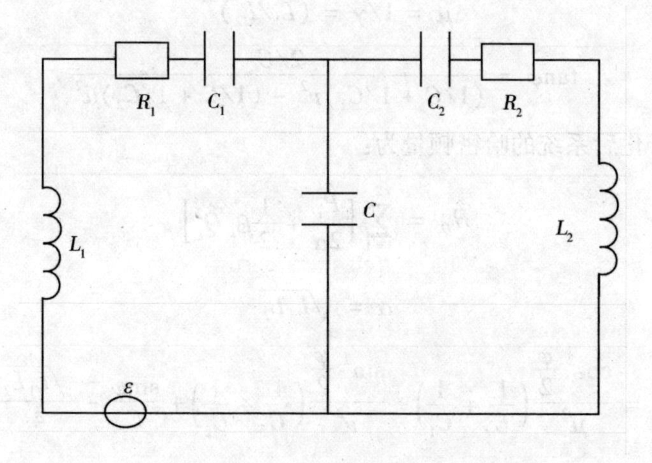

图 4.1　介观电容耦合电路

4.1.2 电路系统的量子化

图4.1所示的电路系统的哈密顿量为:

$$H_q = e^{-\gamma t}\left[\frac{p_1^2}{2L_1} + \frac{p_2^2}{2L_2} + \frac{q_1^2}{2C_1} + \frac{q_2^2}{2C_2} + \frac{(q_1 - q_2)^2}{2C}\right] \tag{4-1}$$

其中,

$$\gamma = R_1/L_1 = R_2/L_2 \tag{4-2}$$

引入下列变换:

$$\begin{pmatrix} Q_1 \\ Q_2 \end{pmatrix} = e^{\frac{\gamma}{2}t}\begin{pmatrix} \mu\cos\frac{\varphi}{2} & -\nu\sin\frac{\varphi}{2} \\ \mu\sin\frac{\varphi}{2} & \nu\cos\frac{\varphi}{2} \end{pmatrix}\begin{pmatrix} q_1 \\ q_2 \end{pmatrix} \tag{4-3}$$

$$\begin{pmatrix} P_1 \\ P_2 \end{pmatrix} = e^{-\frac{\gamma}{2}t}\begin{pmatrix} \frac{1}{\mu}\cos\frac{\varphi}{2} & -\frac{1}{\gamma}\sin\frac{\varphi}{2} \\ \frac{1}{\mu}\sin\frac{\varphi}{2} & \frac{1}{\gamma}\cos\frac{\varphi}{2} \end{pmatrix}\begin{pmatrix} p_1 \\ p_2 \end{pmatrix} + \frac{\gamma}{2}\sqrt{L_1L_2}\,e^{\frac{\gamma}{2}t}\begin{pmatrix} \mu\cos\frac{\varphi}{2} & -\gamma\sin\frac{\varphi}{2} \\ \mu\sin\frac{\varphi}{2} & \gamma\cos\frac{\varphi}{2} \end{pmatrix} \tag{4-4}$$

其中,

$$\mu = 1/\gamma = (L_1/L_2)^{\frac{1}{4}} \tag{4-5}$$

$$\tan\varphi = \frac{2/C}{(1/C + 1/C_1)\nu^2 - (1/C + 1/C_2)\mu^2} \tag{4-6}$$

则可得量子化后系统的哈密顿量为:

$$\hat{H}_Q = \sum_{i=1}^{2}\left[\frac{\hat{P}_i^2}{2\alpha} + \frac{1}{2}\beta_i\,\hat{Q}_i^2\right] \tag{4-7}$$

$$\alpha = \sqrt{L_1L_2} \tag{4-8}$$

$$\beta_1 = \frac{\cos^2\frac{\varphi}{2}}{\mu^2}\left(\frac{1}{C} + \frac{1}{C_1}\right) + \frac{\sin^2\frac{\varphi}{2}}{\nu^2}\left(\frac{1}{C} + \frac{1}{C_2}\right) + \frac{\sin\varphi}{C} - \frac{\sqrt{L_1L_2}}{4}\gamma^2 \tag{4-9}$$

$$\beta_2 = \frac{\sin^2\frac{\varphi}{2}}{\mu^2}\left(\frac{1}{C} + \frac{1}{C_1}\right) + \frac{\cos^2\frac{\varphi}{2}}{\nu^2}\left(\frac{1}{C} + \frac{1}{C_2}\right) - \frac{\sin\varphi}{C} - \frac{\sqrt{L_1L_2}}{4}\gamma^2 \tag{4-10}$$

4.1.3　数值计算与结果分析

根据热场动力学(TFD)理论,在一定温度下,热真空态中的简谐振子可表示为:

$$|0(\beta)\rangle = \hat{S}(\theta)|0\tilde{0}\rangle \tag{4-11}$$

其中,$|0\tilde{0}\rangle$ 表示在热场动力学理论中绝对零度下的真空态,且 $\beta=(kT)^{-1}$,算符 $\hat{S}(\theta)$ 为:

$$\hat{S}(\theta)=\frac{2\eta}{1+\eta^2}:\exp\left[\frac{\eta^2-1}{\eta^2+1}\hat{b}^\dagger\hat{\tilde{b}}^\dagger\right]\cdot\exp\left[\left(\frac{2\eta}{1+\eta^2}-1\right)(\hat{b}^\dagger\hat{b}+\hat{\tilde{b}}^\dagger\hat{\tilde{b}})\right]$$
$$\cdot\exp\left[\frac{1-\eta^2}{\eta^2+1}\hat{\tilde{b}}\hat{b}\right]: \tag{4-12}$$

式(4-12)中":："表示正规乘积,$\hat{b},\hat{b}^\dagger$ 分别表示在希尔伯特空间中湮灭和产生算符,$\hat{\tilde{b}},\hat{\tilde{b}}^\dagger$ 分别表示为构造热真空态而引入的虚空间中湮灭和产生算符。它们满足下列对易关系:

$$\left.\begin{aligned}&[\hat{b},\hat{b}^\dagger]=1\\&[\hat{\tilde{b}},\hat{\tilde{b}}^\dagger]=1\\&[\hat{\tilde{b}},\hat{b}]=[\hat{\tilde{b}},\hat{b}^\dagger]=[\hat{b},\hat{\tilde{b}}^\dagger]=0\end{aligned}\right\} \tag{4-13}$$

在一定温度下的热真空态可定义为:

$$|0(\beta)0(\beta)\rangle_{12}=|0(\beta)\rangle_1\otimes|0(\beta)\rangle_2 \tag{4-14}$$

式(4-14)描述的是系统由两个简谐振子组成时的情况。

通过适当的幺正变换后,结合相关热场动力学理论,我们可以得到介观电路的热真空态为:

$$|0(\beta)\rangle_D=\hat{U}(\hat{b}_1,\hat{b}_1^\dagger,\hat{b}_2,\hat{b}_2^\dagger)\,\hat{S}_2(\theta_2)|0\tilde{0}\rangle \tag{4-15}$$

引入在一定温度 T 下的湮灭和产生算符为:

$$\left.\begin{aligned}\hat{b}_i(\theta_i) &= \hat{S}^{\dagger}(\theta_i)\hat{b}_i\hat{S}(\theta_i)\\ \hat{\tilde{b}}_i^{\dagger}(\theta_i) &= \hat{S}^{\dagger}(\theta_i)\hat{\tilde{b}}_i\hat{S}(\theta_i)\end{aligned}\right\} \tag{4-16}$$

可以证明，$\hat{\tilde{b}}(\theta_i)$，$\hat{\tilde{b}}^{\dagger}(\theta_i)$ 会满足一定的对易关系。

由式(4-13)、式(4-14)及式(4-15)可以得到系统电荷与电流的量子涨落为：

$$(\Delta\hat{q}_1)_T^2 = \hbar e^{-\gamma t}\frac{1}{2L_1}\left[\frac{\cos^2\left(\frac{\varphi}{2}\right)}{\omega_1}\coth\frac{\beta\hbar\omega_1}{2} + \frac{\sin^2\left(\frac{\varphi}{2}\right)}{\omega_2}\coth\frac{\beta\hbar\omega_2}{2}\right] \tag{4-17}$$

$$(\Delta\hat{q}_2)_T^2 = \hbar e^{-\gamma t}\frac{1}{2L_2}\left[\frac{\sin^2\left(\frac{\varphi}{2}\right)}{\omega_1}\coth\frac{\beta\hbar\omega_1}{2} + \frac{\cos^2\left(\frac{\varphi}{2}\right)}{\omega_2}\coth\frac{\beta\hbar\omega_2}{2}\right] \tag{4-18}$$

$$\begin{aligned}(\Delta\hat{p}_1)_T^2 = \hbar e^{\gamma t}\frac{L_1}{2}\Big[&\omega_1\left(1+\frac{\gamma^2}{4\omega_1^2}\right)\coth\frac{\beta\hbar\omega_1}{2}\cos^2\left(\frac{\varphi}{2}\right) + \\ &\omega_2\left(1+\frac{\gamma^2}{4\omega_2^2}\right)\coth\frac{\beta\hbar\omega_2}{2}\sin^2\left(\frac{\varphi}{2}\right)\Big]\end{aligned} \tag{4-19}$$

$$\begin{aligned}(\Delta\hat{p}_2)_T^2 = \hbar e^{\gamma t}\frac{L_2}{2}\Big[&\omega_1\left(1+\frac{\gamma^2}{4\omega_1^2}\right)\coth\frac{\beta\hbar\omega_1}{2}\sin^2\left(\frac{\varphi}{2}\right) + \\ &\omega_2\left(1+\frac{\gamma^2}{4\omega_2^2}\right)\coth\frac{\beta\hbar\omega_2}{2}\cos^2\left(\frac{\varphi}{2}\right)\Big]\end{aligned} \tag{4-20}$$

若 $T\to 0$，可以得到绝对零度下的量子涨落。从式(4-17)～(4-20)可以看出，电路系统在一定温度下的量子涨落比在零度下的要强烈；也就是说，电流产生的焦耳热和外界环境的温度会影响量子涨落的大小。关于介观电路热态噪声的研究对提高信号的稳定度和精确度都有一定的参考意义。

4.2　热态下介观电感耦合电路中的不确定关系

继 4.1 节利用热场动力学理论分析介观电容耦合电路在热真空态的量子涨落后，本节将采用 L－R 不变量理论及时间独立的哈密顿系统的知识对在热态下的单元件（电感）耦合的介观电路中的不确定关系进行分析。这一节是本章的重点。

4.2.1　模型构建及结构特征

本节所分析的电路模型的主体是由电源、电容和电感组成的，其中，L_i、C_i $(i=1,2)$ 是回路中的电感和电容，$\varepsilon(t)$ 是其中一个回路中的电源，L 是两回路间的耦合电感。模型结构如图 4.2 所示。

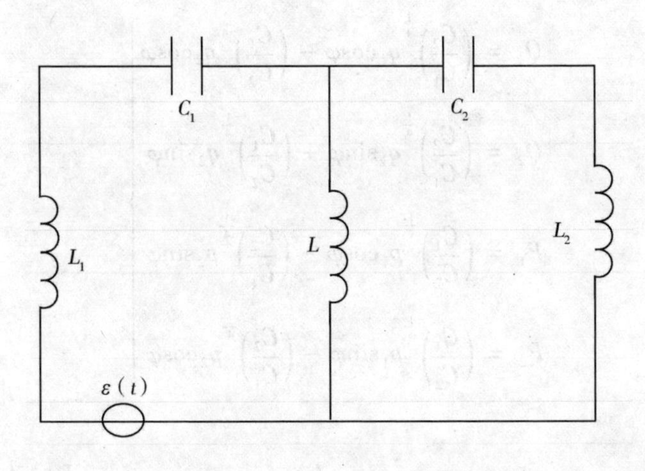

图 4.2　有源电感耦合电路

在对如图 4.2 所示的电路系统的不确定关系进行研究以后，对其结果与在绝对零度条件下的结果进行对比和分析。

4.2.2 电路系统的量子化

对于图 4.2 所示的介观耦合电路，根据基尔霍夫定律，可得其经典运动方程为：

$$L_1 \frac{d^2 q_1}{dt^2} + \frac{q_1}{C_1} + L\left(\frac{d^2 q_1}{dt^2} - \frac{d^2 q_2}{dt^2}\right) = \varepsilon(t) \tag{4-21}$$

$$L_2 \frac{d^2 q_2}{dt^2} + \frac{q_2}{C_2} - L\left(\frac{d^2 q_1}{dt^2} - \frac{d^2 q_2}{dt^2}\right) = 0 \tag{4-22}$$

其中，$q_j\ (j=1,2)$ 是储存在电容 C_j 中的电荷，根据有关量子力学知识，其相应的哈密顿量为：

$$H = \frac{p_1^2}{2L_1} + \frac{p_2^2}{2L_2} + \frac{q_1^2}{2C_1} + \frac{q_2^2}{2C_2} + \frac{1}{2}L\left(\frac{p_1}{L_1} - \frac{p_2}{L_2}\right)^2 - q_1\varepsilon(t) \tag{4-23}$$

其中，变量 q_j 相当于传统意义上的"坐标"；$p_j = L_j \frac{dq_j}{dt}$ 表示电流，相当于传统意义上的"动量"，根据标准量子化原则，它们之间满足对易关系 $[\hat{q}_j, \hat{p}_j] = i\hbar$。为了消除电路中的耦合项，引入下列线性变换：

$$\left.\begin{aligned}
Q_1 &= \left(\frac{C_2}{C_1}\right)^{\frac{1}{4}} q_1\cos\varphi - \left(\frac{C_1}{C_2}\right)^{\frac{1}{4}} q_2\cos\varphi \\
Q_2 &= \left(\frac{C_2}{C_1}\right)^{\frac{1}{4}} q_1\sin\varphi + \left(\frac{C_1}{C_2}\right)^{\frac{1}{4}} q_2\sin\varphi \\
P_1 &= \left(\frac{C_1}{C_2}\right)^{\frac{1}{4}} p_1\cos\varphi - \left(\frac{C_2}{C_1}\right)^{\frac{1}{4}} p_2\sin\varphi \\
P_2 &= \left(\frac{C_1}{C_2}\right)^{\frac{1}{4}} p_1\sin\varphi - \left(\frac{C_2}{C_1}\right)^{\frac{1}{4}} p_2\cos\varphi
\end{aligned}\right\} \tag{4-24}$$

其中，

$$\tan2\varphi = 2L\left[L_2\sqrt{C_2/C_1}\left(1 + \frac{L}{L_1}\right) - L_1\sqrt{C_1/C_2}\left(1 + \frac{L}{L_2}\right)\right]^{-1} \tag{4-25}$$

则可得系统量子化后的哈密顿量为：

$$\hat{H} = \frac{P_1^2}{2\mu_1} + \frac{P_2^2}{2\mu_2} + \frac{1}{2\sqrt{C_1C_2}}(Q_1^2 + Q_2^2) \tag{4-26}$$

其中，

$$\mu_1 = \left[\sqrt{\frac{C_2}{C_1}}\left(1+\frac{L}{L_1}\right)\cos^2\varphi + \sqrt{\frac{C_1}{C_2}}\left(1+\frac{L}{L_2}\right)\sin^2\varphi + \frac{L}{L_1L_2}\sin 2\varphi\right]^{-1} \tag{4-27}$$

$$\mu_2 = \left[\sqrt{\frac{C_2}{C_1}}\left(1+\frac{L}{L_1}\right)\sin^2\varphi + \sqrt{\frac{C_1}{C_2}}\left(1+\frac{L}{L_2}\right)\cos^2\varphi - \frac{L}{L_1L_2}\sin 2\varphi\right]^{-1} \tag{4-28}$$

$$\gamma = \sqrt{C_1C_2} \tag{4-29}$$

显然，转化后系统的哈密顿形式等效于两个独立的谐振子的能量之和，Q_j, P_k 满足下列对易关系：

$$[Q_j, P_k] = i\hbar\delta_{jk} \tag{4-30}$$

结合式(4－26)，可以得到哈密顿量本征谱如下：

$$E_{nj} = \sum_{j=1}^{2}\left(n_j + \frac{1}{2}\right)\hbar\omega_j \tag{4-31}$$

其中，

$$\omega_j = (\gamma\mu_j)^{-\frac{1}{2}} \tag{4-32}$$

根据式(4－31)，系统所对应的本征态函数为：

$$|\psi_{n_1,n_2}\rangle = |n_1\rangle \otimes |n_2\rangle \tag{4-33}$$

其中，$|n_j\rangle$ 是频率为 ω_j 的简谐振子的本征态。

4.2.3　数值计算和结果分析

热态可以用 L－R 不变量理论及时间独立的哈密顿系统来描述。对于含时哈密顿量，由于能量不守恒，这种量子态随时间变化，因此不存在严格的定态，比较复杂。Lewis 与 Riesenfeld 详细讨论了含时不变量，并用它代替哈密顿量来处理量子态随时间演化的问题，变换系统的不变量算符 $\hat{I}_B$ 可定义为：

$$\frac{dI}{dt} = \frac{\partial I}{\partial t} + \frac{\partial I}{\partial q}\frac{\partial H_q}{\partial p} - \frac{\partial I}{\partial q}\frac{\partial H_q}{\partial q} \tag{4-34}$$

将式(4－26)代入式(4－34)得：

$$\hat{I}_{Bj}(\hat{q}_1,\hat{p}_1,\hat{q}_2,\hat{p}_2,t) = \sum_{j=1}^{2}\hat{I}_{Bj}(\hat{q}_j,\hat{p}_j,t) \tag{4-35}$$

其中，

$$\hat{I}_{Bj}(\hat{q}_j,\hat{p}_j,t) = \hbar\omega_j\left(\hat{a}^{+}_{Bj}\hat{a}_{Bj}+\frac{1}{2}\right) \tag{4-36}$$

$$\omega_j = \left(\frac{1}{\mu_j\sqrt{C_1C_2}}\right)^{\frac{1}{2}} \tag{4-37}$$

引入湮灭和产生算符分别为：

$$\hat{a}_{Bj} = \left(\frac{L_1\sqrt{C_1/C_2}\,\omega_j}{2\hbar}\right)^{\frac{1}{2}}\hat{q}_j + \frac{i}{(2L_1\sqrt{C_1/C_2}\,\omega_j\hbar)^{\frac{1}{2}}}\hat{p}_j \tag{4-38}$$

$$\hat{a}^{\dagger}_{Bj} = \left(\frac{L_1\sqrt{C_1/C_2}\,\omega_j}{2\hbar}\right)^{\frac{1}{2}}\hat{q}_j + \frac{i}{(2L_1\sqrt{C_1/C_2}\,\omega_j\hbar)^{\frac{1}{2}}}\hat{p}_j \tag{4-39}$$

则可得系统的算符为：

$$\hat{I}(\hat{q}_1,\hat{q}_2,\hat{p}_2,t) = \hat{U}_A\hat{U}_B\hat{I}_B(\hat{q}_1,\hat{q}_2,\hat{p}_2,t)\hat{U}_B^{-1}\hat{U}_A^{-1} \tag{4-40}$$

因此有：

$$\hat{I}(\hat{q}_1,\hat{q}_2,\hat{p}_2,t) = \sum_{j=1}^{2}\hat{I}_j(\hat{q}_1,\hat{q}_2,\hat{p}_2,t) \tag{4-41}$$

其中，

$$\hat{I}_j = \hbar\omega_j\left(\hat{a}^{\dagger}_j\hat{a}_j+\frac{1}{2}\right) \tag{4-42}$$

$\hat{a}_j$ 和 $\hat{a}^{\dagger}_j$ 分别为：

$$\hat{a}_j = \hat{U}_A\hat{U}_B\hat{a}_{Bj}\hat{U}_B^{-1}\hat{U}_A^{-1} \tag{4-43}$$

$$\hat{a}^{\dagger}_j = \hat{U}_A\hat{U}_B\hat{a}^{\dagger}_{Bj}\hat{U}_B^{-1}\hat{U}_A^{-1} \tag{4-44}$$

它们之间满足如下对易关系：

$$[\hat{a}_j,\hat{a}^{\dagger}_j] = 1 \tag{4-45}$$

当 $\varepsilon(t)=0$ 时，时间独立的哈密顿量消失，式(4-41)代替系统的哈密顿量，我们可以借助于不同的算符用下列形式描述本征方程：

$$\hat{I}_1\varphi_{1n}(q_1,q_2,t) = \lambda_{1n}\varphi_{1n}(q_1,q_2,t) \tag{4-46}$$

$$\hat{I}_2\varphi_{2m}(q_1,q_2,t) = \lambda_{2m}\varphi_{2m}(q_1,q_2,t) \tag{4-47}$$

其中，

$$\lambda_{1n} = \hbar\omega_1\left(n + \frac{1}{2}\right) \tag{4-48}$$

$$\lambda_{2n} = \hbar\omega_2\left(m + \frac{1}{2}\right) \tag{4-49}$$

显然,量子数 n 和 m 分别是 $\hat{a}_1^+ \hat{a}_1$ 和 $\hat{a}_2^+ \hat{a}_2$ 的本征值,式(4-46)与式(4-47)之间的关系是:

$$\varphi_{n,m}(q_1,q_2,t) = \varphi_{1n}(q_1,q_2,t)\varphi_{2m}(q_1,q_2,t) \tag{4-50}$$

假定在温度 T 下系统的粒子处于热态平衡,并遵循玻色-爱因斯坦(B-E)统计,则密度算符必须满足式(4-34):

$$\frac{\partial \hat{\rho}(t)}{\partial t} - \frac{i}{\hbar}[\hat{\rho}(t),\hat{H}] = 0 \tag{4-51}$$

密度矩阵为:

$$\rho(q_1,q_2,q_1',q_2',t) = \frac{1}{Z}\sum_{n,m=0}^{\infty}\Psi_{n,m}(q_1,q_2,t) \times \exp\left\{-\frac{\hbar}{kT}\left[\omega_1\left(n+\frac{1}{2}\right)+\omega_2\left(m+\frac{1}{2}\right)\right]\right\}\Psi_{n,m}^*(q'_1,q'_2,t) \tag{4-52}$$

其中,Z 为配分函数,满足

$$Z = \sum_{n,m=0}^{\infty}\langle \Psi_{n,m} | \mathrm{e}^{-\hat{I}/kT} | \Psi_{n,m}\rangle \tag{4-53}$$

式(4-53)可简写为:

$$Z = \prod_{j=1}^{2} Z_j \tag{4-54}$$

$$Z_j = \frac{1}{2\sinh[\hbar\omega_j/2kT]} \tag{4-55}$$

将式(4-53)代入式(4-51),得:

$$\rho(q_1,q_2,q_1',q_2',t) = \prod_{j=1}^{2}\rho_j(q_1,q_2,q_1',q_2',t) \tag{4-56}$$

其中,

$$\rho_j = \left[\frac{L_1\sqrt{C_1/C_1}\,\omega_j}{\hbar\pi}\tanh\left(\frac{\hbar\omega_j}{2kT}\right)\right]^{\frac{1}{2}}\exp\left[\frac{i}{\hbar}p_{jp}(t)(Q_j - Q'_j)\right]\times$$

$$\exp\left\{-\frac{L_1\sqrt{C_1/C_1}}{4\hbar}\left[[Q_j + Q'_j - 2q_{jp}(t)]^2\tanh\left(\frac{\hbar\omega_j}{2kT}\right)+\right.\right. \tag{4-57}$$

$$\left.\left.(Q_j - Q'_j)^2\coth\left(\frac{\hbar\omega_j}{2kT}\right)\right]\right\}$$

为求热态下有源两网孔介观耦合电路的量子涨落,式(4－56)与式(4－57)的对角元为:

$$f(q_1,q_2) = \prod_{j=1}^{2}f_j(q_1,q_2) \tag{4-58}$$

$$\bar{f}(q_1,q_2) = \prod_{j=1}^{2}f_j(p_1,p_2) \tag{4-59}$$

其中,

$$f_j = \left[\frac{L_1\sqrt{C_1/C_1}\,\omega_j}{\hbar\pi}\tanh\left(\frac{\hbar\omega_j}{2kT}\right)\right]^{\frac{1}{2}}\times \tag{4-60}$$

$$\exp\left\{-\frac{L_1\sqrt{C_1/C_1}\,\omega_j}{\hbar}\tanh\left(\frac{\hbar\omega_j}{2kT}\right)[Q_j - q_{jp}(t)]^2\right\}$$

$$\bar{f}_j = \left[\frac{1}{L_1\sqrt{C_1/C_1}\,\omega_j\hbar\pi}\tanh\left(\frac{\hbar\omega_j}{2kT}\right)\right]^{\frac{1}{2}}\times \tag{4-61}$$

$$\exp\left\{-\frac{1}{L_1\sqrt{C_1/C_1}\,\pi\omega_j\hbar}\tanh\left(\frac{\hbar\omega_j}{2kT}\right)[P_j - P_{jp}(t)]^2\right\}$$

$\hat{q}_j^l$ 和 $\hat{p}_j^l$ 在热态中的期望值为:

$$\langle\hat{q}_j^l\rangle_T = \int_{-\infty}^{\infty}\int_{-\infty}^{\infty}q_j^l f(q_{1,}q_2)\,\mathrm{d}q_1\mathrm{d}q_2 \tag{4-62}$$

$$\langle\hat{p}_j^l\rangle_T = \int_{-\infty}^{\infty}\int_{-\infty}^{\infty}p_j^l\bar{f}(p_{1,}p_2)\,\mathrm{d}p_1\mathrm{d}p_2 \tag{4-63}$$

根据下列积分公式:

$$\int_{-\infty}^{\infty}x\exp[-(ax^2+bx+c)]\mathrm{d}x = -\frac{b}{2a}\sqrt{\frac{\pi}{a}}\exp\left(\frac{b^2}{4a}-c\right) \tag{4-64}$$

$$\int_{-\infty}^{\infty}x^2\exp[-(ax^2+bx+c)]\mathrm{d}x = \left(\frac{1}{2a}+\frac{b^2}{4a}\right)\sqrt{\frac{\pi}{a}}\exp\left(\frac{b^2}{4a}-c\right) \tag{4-65}$$

由式(4-62),可得热态下 $\hat{q}_j$ 和 $\hat{q}_j^2$ 的平均值为:

$$\langle\hat{q}_1\rangle_T = \left(\frac{C_1}{C_2}\right)^{\frac{1}{4}}[q_{1p}(t)\cos\varphi + q_{2p}(t)\sin\varphi] \tag{4-66}$$

$$\langle\hat{q}_2\rangle_T = \left(\frac{C_2}{C_1}\right)^{\frac{1}{4}}[-q_{1p}(t)\sin\varphi + q_{2p}(t)\cos\varphi] \tag{4-67}$$

$$\langle\hat{q}_1^2\rangle_T = \left(\frac{C_1}{C_2}\right)^{\frac{1}{2}}\left\{\frac{\hbar}{2L_1\sqrt{C_1/C_2}}\left[\frac{1}{\omega_1}\coth\left(\frac{\hbar\omega_1}{2kT}\right)\cos^2\varphi + \frac{1}{\omega_2}\coth\left(\frac{\hbar\omega_2}{2kT}\right)\sin^2\varphi\right] + [q_{1p}(t)\cos\varphi + q_{2p}(t)\sin\varphi]^2\right\} \tag{4-68}$$

$$\langle\hat{q}_2^2\rangle_T = \left(\frac{C_2}{C_1}\right)^{\frac{1}{2}}\left\{\frac{\hbar}{2L_1\sqrt{C_1/C_2}}\left[\frac{1}{\omega_1}\coth\left(\frac{\hbar\omega_1}{2kT}\right)\sin^2\varphi + \frac{1}{\omega_2}\coth\left(\frac{\hbar\omega_2}{2kT}\right)\cos^2\varphi\right] + [-q_{1p}(t)\sin\varphi + q_{2p}(t)\cos\varphi]^2\right\} \tag{4-69}$$

同理,由式(4-63)可得:

$$\langle\hat{p}_1\rangle_T = \left(\frac{C_2}{C_1}\right)^{\frac{1}{4}}[p_{1p}(t)\cos\varphi + p_{2p}(t)\sin\varphi] \tag{4-70}$$

$$\langle\hat{p}_2\rangle_T = \left(\frac{C_1}{C_2}\right)^{\frac{1}{4}}[-p_{1p}(t)\sin\varphi + p_{2p}(t)\cos\varphi] \tag{4-71}$$

$$\langle\hat{p}_1^2\rangle_T = \left(\frac{C_2}{C_1}\right)^{\frac{1}{2}}\left\{\frac{L_1\sqrt{C_1/C_2}\,\hbar}{2}\left[\omega_1\coth\left(\frac{\hbar\omega_1}{2kT}\right)\cos^2\varphi + \omega_2\coth\left(\frac{\hbar\omega_2}{2kT}\right)\sin^2\varphi\right] + [p_{1p}(t)\cos\varphi + p_{2p}(t)\sin\varphi]^2\right\} \tag{4-72}$$

$$\langle\hat{p}_2^2\rangle_T = \left(\frac{C_2}{C_1}\right)^{\frac{1}{2}}\left\{\frac{L_1\sqrt{C_1/C_2}\,\hbar}{2}\left[\omega_1\coth\left(\frac{\hbar\omega_1}{2kT}\right)\sin^2\varphi + \omega_2\coth\left(\frac{\hbar\omega_2}{2kT}\right)\cos^2\varphi\right] + [-p_{1p}(t)\sin\varphi + p_{2p}(t)\sin\varphi]^2\right\} \tag{4-73}$$

根据量子涨落的定义:

$$(\Delta p)^2 = \bar{p}^2 - \overline{(p)^2} \tag{4-74}$$

$$(\Delta q)^2 = \bar{q}^2 - \overline{(q)^2} \tag{4-75}$$

则可以得到在热态下的两网孔介观电感耦合电路的量子不确定关系如下:

$$(\Delta\hat{q}_1)_T^2(\Delta\hat{p}_1)_T^2 = \frac{\hbar^2}{4}\Big[\coth^2\Big(\frac{\hbar\omega_1}{2kT}\Big)\cos^4\varphi + \coth^2\Big(\frac{\hbar\omega_2}{2kT}\Big)\sin^4\varphi + \Big(\frac{\omega_1}{\omega_2}+\frac{\omega_2}{\omega_1}\Big)\coth\Big(\frac{\hbar\omega_1}{2kT}\Big)\coth\Big(\frac{\hbar\omega_2}{2kT}\Big)\sin^2\varphi\cos^2\varphi\Big] \tag{4-76}$$

$$(\Delta\hat{q}_2)_T^2(\Delta\hat{p}_2)_T^2 = \frac{\hbar^2}{4}\Big[\coth^2\Big(\frac{\hbar\omega_1}{2kT}\Big)\sin^4\varphi + \coth^2\Big(\frac{\hbar\omega_2}{2kT}\Big)\cos^4\varphi + \Big(\frac{\omega_1}{\omega_2}+\frac{\omega_2}{\omega_1}\Big)\coth\Big(\frac{\hbar\omega_1}{2kT}\Big)\coth\Big(\frac{\hbar\omega_2}{2kT}\Big)\sin^2\varphi\cos^2\varphi\Big] \tag{4-77}$$

如果 $T\to 0$ K, 则有 $\coth\Big(\frac{\hbar\omega_i}{2kT}\Big)\to 1\ (i=1,2)$,结合式(4－76),易得到在绝对零度下的量子涨落:

$$(\Delta\hat{q}_1)^2(\Delta\hat{p}_1)^2 = \frac{\hbar^2}{4}\Big[\cos^4\varphi + \sin^4\varphi + \Big(\frac{\omega_1}{\omega_2}+\frac{\omega_2}{\omega_1}\Big)\sin^2\varphi\cos^2\varphi\Big] \tag{4-78}$$

为了得到在 $T\to 0$ K 下的不确定关系的图示,我们假设:

$$\left.\begin{aligned} r &= \frac{\omega_1}{\omega_2} \\ Z &= (\Delta\hat{q}_1)^2(\Delta\hat{p}_1)^2 \end{aligned}\right\} \tag{4-79}$$

结合式(4－78)与式(4－79),介观电感耦合电路在绝对零度下的不确定关系可写成如下形式:

$$Z = \frac{\hbar^2}{4}\Big[\cos^4\varphi + \sin^4\varphi + \Big(r+\frac{1}{r}\Big)\sin^2\varphi\cos^2\varphi\Big] \tag{4-80}$$

则我们可以得到该电路在 $T\to 0$ K 下的不确定关系,如图 4.3 所示。

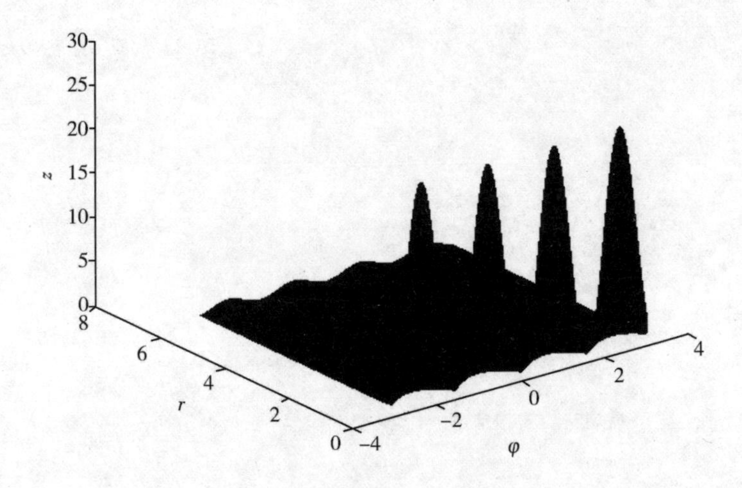

图 4.3　在绝对零度下电荷与电流的不确定关系（z 轴的单位长度为 $\frac{\hbar}{2}$）

图 4.3 描述的是当 $T\to 0$ K 时，电荷与电流的不确定关系。我们可以看出当 $r\to 1$ 或 $\varphi\to n\pi$ 时，不确定关系趋向于最小不确定关系。从式（4－37）、式（4－76）及式（4－77）可以看出，热态下介观耦合电路中的不确定关系与组成元件的参数和温度有关，并且电路系统在一定温度下的不确定关系比在绝对零度下更为明显，温度越高，量子涨落越明显。从图 4.3 中可以看出在绝对零度下电荷与电流的最小关系，并把研究结果与在绝对零度的情况下进行比较。这对在微观电路设计中综合考虑提高信号的稳定性、减小量子噪声形成的影响有着实际的参考作用。

第 5 章　介观耦合电路中的库仑阻塞效应

第 3 章分别研究了无耗散和耗散情况下介观耦合电路中的量子效应,第 4 章分析了热态下介观耦合电路中的量子效应,本章在考虑介观电路中电荷是分立的基础上,分析和研究介观电子学中一种典型的单电子现象——库仑阻塞效应。首先是对相对简单的单元件(电感)介观耦合电路中的库仑阻塞效应进行简要分析,然后对相对复杂的双元件(电容和电感)耦合的介观电路中的库仑阻塞效应进行研究,并阐述研究的意义及价值。

5.1　介观电感耦合电路中的库仑阻塞效应

本节在对库仑阻塞这一物理概念进行阐述之后,在介观电路中电荷是分立的这一事实的基础上,简要分析了介观电感耦合电路中的库仑阻塞效应,从而使介观电路的全量子理论更加丰富。

5.1.1　库仑阻塞简述

由量子力学基本原理可知电子具有波粒二象性,介观物理开始主要是研究由电子的量子相干而导致的一些物理现象。库仑阻塞效应是电子在纳米尺度的导电物质间移动时出现的一种现象。以一个薄绝缘层形成的隧道结为例,从经典物理考虑,这是一个电容器,如图 5.1 所示。当隧道结小到微米、纳米量级时,电容也随之变得很小。此时,静电能 $E_C = \frac{e^2}{2C}$ 就变得极为重要,此处两电极间的接合静电容量为 C, 尤其在低温时,热能也很小,这时就必须考虑 E_C 。电子只有在外电压作用下,所具有的能量大于 E_C 时才能隧穿,否则电子的流动受到抑制,导体就不会产生传导。这种电子的静电能对电子传播的阻塞就称为库仑阻塞。库仑阻塞为一种单电子效应,其起源于电子所带的电荷是分立的。

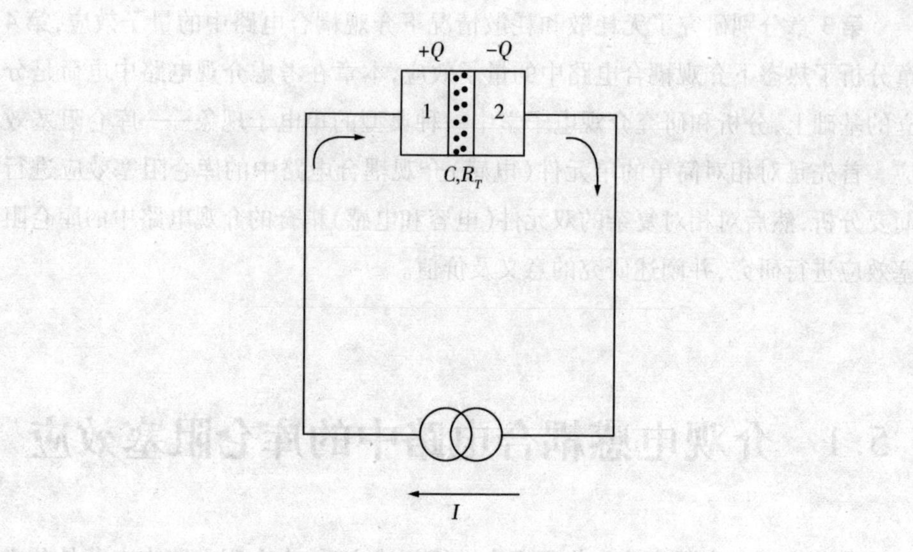

图 5.1　薄绝缘层形成的隧道结示意图

5.1.2　模型构建及结构特征

按照由简到繁的组织思路,对介观耦合电路中的库仑阻塞的研究,也是从结构比较简单的无耗散单元件(电感)耦合电路开始的,其模型结构如图 5.2 所示。

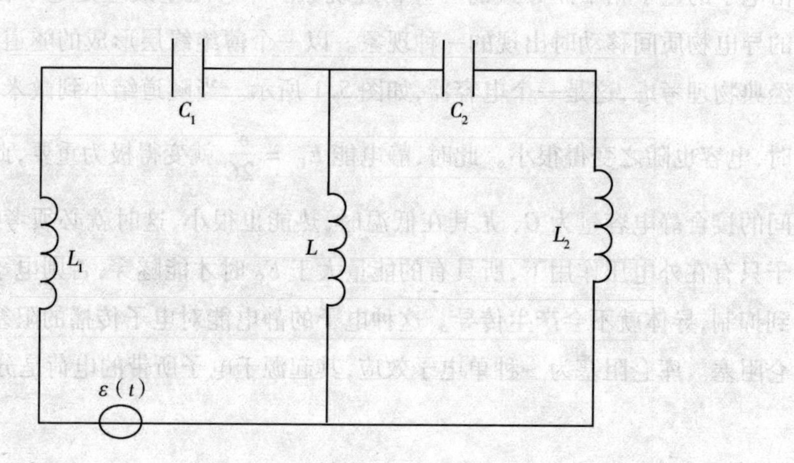

图 5.2　无耗散电感耦合电路

此耦合电路中，L_1 和 L_2 分别为左右两个回路中的电感，C_1 和 C_2 分别为左右回路中的电容，L 为两个回路的耦合电容，$\varepsilon(t)$ 为左回路中的电源。

5.1.3　电路系统的量子化

根据电路中的经典运动方程，可以得到图 5.2 所示电路如下形式的哈密顿量：

$$H = \frac{P_1^2}{2L_1} + \frac{P_2^2}{2L_2} + \frac{q_1^2}{2C_1} + \frac{q_2^2}{2C_2} + \frac{1}{2}L\left(\frac{P_1}{L_1} - \frac{P_2}{L_2}\right)^2 - q_1\varepsilon(t) \tag{5-1}$$

其中，p_i 是 q_i 的共轭变量（$p_i = L_i\dfrac{\mathrm{d}q_i}{\mathrm{d}t}, i = 1,2$），为达到量子化的目的，它们的线性厄米算符满足如下对易关系：

$$[\hat{q}_i, \hat{p}_i] = i\hbar \tag{5-2}$$

利用最小平移算符表示右边和左边的最小平移算符 $\hat{Q}_i(i = 1,2)$ 及自由哈密顿算符，就可以得到在电荷不连续性的情况下介观电感耦合电路量子化后的哈密顿量为：

$$\hat{H} = -\frac{\hbar^2}{2q_e}\sum_{i=1}^{2}\frac{1}{L_i}(\nabla_{q_e}^{(i)} - \bar{\nabla}_{q_e}^{(i)}) - \frac{\hbar^2}{8}L\left[\frac{1}{L_1}(\nabla_{q_e}^{(1)} + \bar{\nabla}_{q_e}^{(1)}) - \frac{1}{L_2}(\nabla_{q_e}^{(2)} + \bar{\nabla}_{q_e}^{(2)})\right]^2 + \frac{\hat{q}_1^2}{2C_1} + \frac{\hat{q}_2^2}{2C_2} - \hat{q}_1\varepsilon(t) \tag{5-3}$$

其中，

$$\nabla_{q_e}^{(i)} = \frac{\hat{Q}_i - 1}{q_e} \tag{5-4}$$

$$\bar{\nabla}_{q_e}^{(i)} = \frac{1 - \hat{Q}_i^+}{q_e} \tag{5-5}$$

5.1.4　数值计算与结果分析

因为外加电源的作用时间比原子的特征时间大得多，所以电源对电路的作用可以视为绝热过程,这样的话,电源 $\varepsilon(t)$ 就可以视为一个常数 ε 来处理,其相应的有限积分薛定谔方程为:

$$\left\{-\frac{\hbar^2}{2q_e}\sum_{i=1}^{2}\frac{1}{L_i}(\nabla_{q_e}^{(i)}-\bar{\nabla}_{q_e}^{(i)})-\frac{\hbar^2}{8}L\left[\frac{1}{L_1}(\nabla_{q_e}^{(1)}+\bar{\nabla}_{q_e}^{(1)})-\frac{1}{L_2}(\nabla_{q_e}^{(2)}+\bar{\nabla}_{q_e}^{(2)})\right]^2+\right.$$

$$\left.\frac{\hat{q}_1^2}{2C_1}+\frac{\hat{q}_2^2}{2C_2}-\hat{q}_1\varepsilon\right\}|\varphi\rangle=E|\varphi\rangle \tag{5-6}$$

结合相关的线性变换和式(5-6)可得:

$$\left\{-\frac{\hbar^2}{q_e^2\mu_1}\left[\cos\left(\frac{q_e}{\hbar}(C_2/C_1)^{\frac{1}{4}}\right)\left(\hat{p}'_1\cos\frac{\varphi}{2}+\hat{p}'_2\sin\frac{\varphi}{2}\right)-1\right]-\right.$$

$$\frac{\hbar^2}{q_e^2\mu_2}\left[\cos\left(\frac{q_e}{\hbar}(C_2/C_1)^{-\frac{1}{4}}\right)\left(-\hat{p}'_1\sin\frac{\varphi}{2}+\hat{p}'_2\cos\frac{\varphi}{2}\right)-1\right]+ \tag{5-7}$$

$$\left.\frac{1}{2\sqrt{C_1C_2}}(\hat{q}'_1-A\varepsilon)^2+\frac{1}{2\sqrt{C_1C_2}}(\hat{q}'_2-B\varepsilon)^2\right\}|\tilde{\varphi}\rangle=\tilde{E}|\tilde{\varphi}\rangle$$

其中,

$$\frac{1}{\mu_1}=\frac{1}{L_1}\sqrt{\frac{C_2}{C_1}}\left(1+\frac{L}{L_1}\right)\cos^2\frac{\varphi}{2}+\frac{1}{L_2}\sqrt{\frac{C_1}{C_2}}\left(1+\frac{L}{L_2}\right)\sin^2\frac{\varphi}{2}+\frac{L\sin\varphi}{L_1L_2} \tag{5-8}$$

$$\frac{1}{\mu_2}=\frac{1}{L_1}\sqrt{\frac{C_2}{C_1}}\left(1+\frac{L}{L_1}\right)\sin^2\frac{\varphi}{2}+\frac{1}{L_2}\sqrt{\frac{C_1}{C_2}}\left(1+\frac{L}{L_2}\right)\cos^2\frac{\varphi}{2}-\frac{L\sin\varphi}{L_1L_2} \tag{5-9}$$

$$A=C_1^{3/4}C_2^{1/4}\cos\frac{\varphi}{2} \tag{5-10}$$

$$B=C_1^{3/4}C_2^{1/4}\sin\frac{\varphi}{2} \tag{5-11}$$

$$\tilde{E}=E+\frac{\varepsilon^2}{2\sqrt{C_1C_2}}(A^2+B^2) \tag{5-12}$$

由于电荷是量子化的,因此自轭算符 $\hat{q}_i$ 的本征值应是分立的,即应满足:

$$\left.\begin{aligned}\hat{q}_1|q\rangle_1&=mq_e|q\rangle_1\\ \hat{q}_2|q\rangle_2&=nq_e|q\rangle_2\end{aligned}\right\} \tag{5-13}$$

由于原来的电荷变量 q_1 和 q_2 在式(5-7)中分别被 $\hat{q}'_1-A\varepsilon$ 和 $\hat{q}'_2-B\varepsilon$ 所代替,结合式(5-3),可以得到:

$$\varepsilon=\frac{mq_e}{A}=\frac{nq_e}{B} \tag{5-14}$$

式(5－13)与式(5－14)中 m,n 都是整数，q_e 是基本电荷。由式(5－14)可知，此电感耦合电路的外加电压必须是 $\frac{q_e}{A}$ 或 $\frac{q_e}{B}$ 的整数倍，这就是在该电路中库仑阻塞的物理本质，其来源于介观电路中电荷是分立的。在绝热近似的条件下，电感耦合电路的外加电压是不连续的。另外，因式(5－7)中的 φ 满足 $\tan\varphi = 2L\left[L_2\sqrt{\frac{C_2}{C_1}}\left(1+\frac{L}{L_1}\right)-L_1\sqrt{\frac{C_1}{C_2}}\left(1+\frac{L}{L_2}\right)\right]^{-1}$，也可以看出库仑阻塞的条件不仅与耦合的元件(本节中是电感)有关，还与耦合电路各个回路中元件参数的取值有关。

5.2　介观电容和电感耦合电路中的库仑阻塞效应

5.1节研究了单元件耦合的介观电路的库仑阻塞效应，本节将进一步研究相对复杂的两元件耦合的介观电路中的库仑阻塞，找出影响其强弱的因素，这一节是本章的重点。

5.2.1　模型构建及结构特征

本节所探讨的模型跟5.1节相比，在构造上更加复杂，由之前的单元件耦合变为两元件耦合，主要研究无耗散电感和电容两元件耦合介观电路中的库仑阻塞效应，模型结构如图5.3所示。

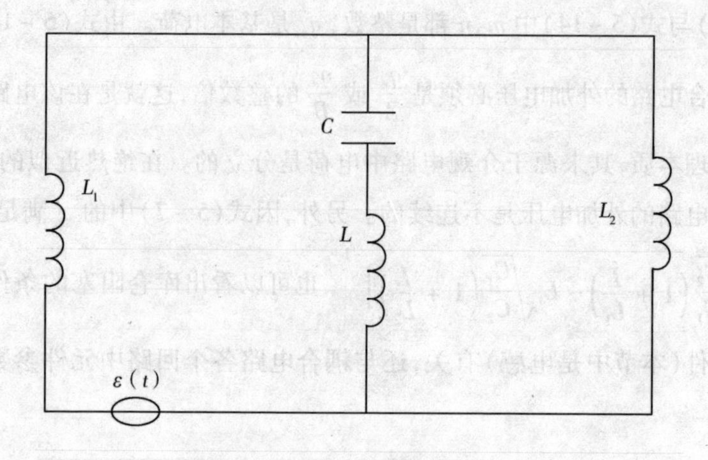

图 5.3　介观电容和电感耦合电路

上图中，L_1、L_2 分别为两个回路中的电感，$\varepsilon(t)$ 为其中一个回路中的电源，L、C 为两回路的耦合元件。

5.2.2　电路系统的量子化

如图 5.3 所示的介观电感和电容耦合电路系统的拉格朗日量为：

$$L = \frac{1}{2}\sum_{i=1}^{2} L_i I_i + \frac{1}{2}L(I_1 - I_2)^2 - \frac{(q_1 - q_2)^2}{2C} + q_1\varepsilon(t) \tag{5-15}$$

式(5-15)中 $i=1$、2，L_i 为回路中的电感，L 和 C 为两回路的耦合部分，$q_i(t)$ 为回路中的电荷，代替传统意义上的坐标，现在引入“广义动量”表示如下：

$$P_i = \frac{\partial L}{\partial \dot{q}_i} \tag{5-16}$$

因此，可以得到：

$$\left.\begin{aligned} P_1 &= \frac{\partial L}{\partial \dot{q}_1} = (L_1 + L)I_1 - LI_2 \\ P_2 &= \frac{\partial L}{\partial \dot{q}_2} = (L_2 + L)I_2 - LI_1 \end{aligned}\right\} \tag{5-17}$$

于是，我们可以得到相应系统的哈密顿量为：

$$H = \frac{P_1^2}{2L_1} + \frac{P_2^2}{2L_2} - \frac{1}{2}\frac{LL_1L_2}{LL_1 + LL_2 + L_2L_1}\left(\frac{P_1}{L_1} - \frac{P_2}{L_2}\right)^2 + \frac{(q_1 - q_2)^2}{2C} - q_1\varepsilon(t) \tag{5-18}$$

考虑到电荷取分立值的事实,自轭算符 $\hat{q}$ 的本征值也取分立值,即:

$$\left.\begin{aligned} \hat{q}_1 \mid q\rangle_1 &= n_1 q_e \mid q\rangle_1 \\ \hat{q}_2 \mid q\rangle_2 &= n_2 q_e \mid q\rangle_2 \end{aligned}\right\} \tag{5-19}$$

其中, $n_1, n_1 \in Z$, $\mid q\rangle_1$ 和 $\mid q\rangle_2$ 分别代表两电路中电荷的本征值, q_e 代表基本电荷,即 $q_e = 1.6 \times 10^{-19}\mathrm{C}$ 。

定义最小平移算符:

$$\left.\begin{aligned} \hat{Q}_1 &= \exp(iq_e \hat{p}_1/\hbar) \\ \hat{Q}_2 &= \exp(iq_e \hat{p}_2/\hbar) \end{aligned}\right\} \tag{5-20}$$

然后定义用最小平移算符表示的左边和右边的有限微分算符如下:

$$\left.\begin{aligned} \bar{\nabla}_{q_e}^{(i)} &= \frac{\hat{Q}_i - 1}{q_e} \\ \bar{\nabla}_{q_e}^{(i)} &= \frac{1 - \hat{Q}_i}{q_e} \end{aligned}\right\} \tag{5-21}$$

由式(5-21)易得:

$$\bar{\nabla}_{q_e}^{(i)} = -\nabla_{q_e}^{(i)} \tag{5-22}$$

然后自轭“动量”算符可以表示如下:

$$\hat{p}_i = \frac{\hbar}{2i}\left[\nabla_{q_e}^{(i)} + \bar{\nabla}_{q_e}^{(i)}\right] = \frac{i\hbar}{2q_e}(\hat{Q}_i^+ - \hat{Q}_i) \tag{5-23}$$

结合式(5-21)、式(5-22)和式(5-23),可得自由哈密顿算符为:

$$\hat{H}_0^{(i)} = -\frac{\hbar^2}{2L_i}\nabla_{q_e}^{(i)}\bar{\nabla}_{q_e}^{(i)} = -\frac{\hbar^2}{2L_i {q_e}^2}(\hat{Q}_i^+ + \hat{Q}_i - 2) = \frac{\hbar^2}{2L_i q_e}(\bar{\nabla}_{q_e}^{(i)} - \nabla_{q_e}^{(i)}) \tag{5-24}$$

则考虑电荷取分立值后,电路系统量子化后的哈密顿量的形式为:

$$\hat{H}=\frac{\hbar^2}{2q_e}\sum_{i=1}^{2}\frac{\bar{\nabla}_{q_e}^{(i)}-\nabla_{q_e}^{(i)}}{L_i}-\frac{\hbar^2}{8}L\left\{\frac{1}{L_1}\left[\bar{\nabla}_{q_e}^{(1)}+\nabla_{q_e}^{(1)}\right]-\frac{1}{L_2}\left[\bar{\nabla}_{q_e}^{(2)}+\nabla_{q_e}^{(2)}\right]\right\}^2+\frac{(\hat{q}_1-\hat{q}_2)^2}{2C}-\hat{q}_1\varepsilon(t) \tag{5-25}$$

5.2.3 数值计算与结果分析

由于电源对介观电路系统的作用时间远大于原子的特征时间，因此考虑在绝热近似的情况下，$\varepsilon(t)$可看成一个常数 ε。由式(5-25)可得有限微分薛定谔方程：

$$\left\{\frac{\hbar^2}{2q_e}\sum_{i=1}^{2}\frac{\bar{\nabla}_{q_e}^{(i)}-\nabla_{q_e}^{(i)}}{L_i}-\frac{\hbar^2}{8}L\left\{\frac{1}{L_1}\left[\bar{\nabla}_{q_e}^{(1)}+\nabla_{q_e}^{(1)}\right]-\frac{1}{L_2}\left[\bar{\nabla}_{q_e}^{(2)}+\nabla_{q_e}^{(2)}\right]\right\}^2+\frac{(\hat{q}_1-\hat{q}_2)^2}{2C}-\hat{q}_1\varepsilon(t)\right\}|\psi\rangle=E|\psi\rangle \tag{5-26}$$

为求解量子化后的薛定谔方程，引入如下形式的变换：

$$\begin{pmatrix}\hat{q}_1\\ \hat{q}_2\end{pmatrix}=\begin{pmatrix}\nu\cos\frac{\varphi}{2} & \nu\sin\frac{\varphi}{2}\\ -\mu\sin\frac{\varphi}{2} & \mu\cos\frac{\varphi}{2}\end{pmatrix}\begin{pmatrix}\hat{q}'_1\\ \hat{q}'_2\end{pmatrix} \tag{5-27}$$

$$\begin{pmatrix}\hat{p}_1\\ \hat{p}_2\end{pmatrix}=\begin{pmatrix}\mu\cos\frac{\varphi}{2} & \mu\sin\frac{\varphi}{2}\\ -\nu\sin\frac{\varphi}{2} & \nu\cos\frac{\varphi}{2}\end{pmatrix}\begin{pmatrix}\hat{p}'_1\\ \hat{p}'_2\end{pmatrix} \tag{5-28}$$

其中，在式(5-27)与式(5-28)中

$$\left.\begin{aligned}\nu&=\left(\frac{L_2}{L_1}\right)^{\frac{1}{4}}\\ \mu&=\frac{1}{\nu}=\left(\frac{L_1}{L_2}\right)^{\frac{1}{4}}\end{aligned}\right\} \tag{5-29}$$

$$\tan\varphi = \frac{L}{(L+L_1)\nu^2 - (L+L_2)\mu^2} \tag{5-30}$$

由式(5－26)～(5－30)可知,式(5－26)中的薛定谔方程变为:

$$-\frac{\hbar^2}{q_e\alpha_1}\left\{\cos\left[\frac{q_e}{\hbar}\mu\left(\hat{p}'_1\cos\frac{\varphi}{2}+\hat{p}'_2\cos\frac{\varphi}{2}\right)\right]-1\right\}-$$

$$\frac{\hbar^2}{q_e\alpha_2}\left\{\cos\left[\frac{q_e}{\hbar}\mu\left(\hat{p}'_2\cos\frac{\varphi}{2}+\hat{p}'_1\cos\frac{\varphi}{2}\right)\right]-1\right\}+ \tag{5-31}$$

$$\frac{1}{2}\beta_1\left(\hat{q}'_1-\frac{\varepsilon_A}{\beta_1}\right)+\frac{1}{2}\beta_2\left(\hat{q}'_2-\frac{\varepsilon_B}{\beta_2}\right)|\tilde{\psi}\rangle = \tilde{E}|\tilde{\psi}\rangle$$

其中,

$$\frac{1}{\alpha_1} = \frac{L+L_2}{L_1L_2+L_1L+L_2L}\mu^2\cos^2\frac{\varphi}{2} + \frac{L+L_2}{L_1L_2+L_1L+L_2L}\nu^2\sin^2\frac{\varphi}{2} + \frac{L}{L_1L_2+L_1L+L_2L}\sin\varphi \tag{5-32}$$

$$\frac{1}{\alpha_2} = \frac{L+L_2}{L_1L_2+L_1L+L_2L}\mu^2\sin^2\frac{\varphi}{2} + \frac{L+L_2}{L_1L_2+L_1L+L_2L}\nu^2\cos^2\frac{\varphi}{2} - \frac{L}{L_1L_2+L_1L+L_2L}\sin\varphi \tag{5-33}$$

$$\beta_1 = \frac{\nu^2\cos^2\frac{\varphi}{2}+\mu^2\sin^2\frac{\varphi}{2}+2\cos\frac{\varphi}{2}\sin\frac{\varphi}{2}}{C} \tag{5-34}$$

$$\beta_2 = \frac{\nu^2\sin^2\frac{\varphi}{2}+\mu^2\cos^2\frac{\varphi}{2}-2\cos\frac{\varphi}{2}\sin\frac{\varphi}{2}}{C} \tag{5-35}$$

$$\varepsilon_A = \nu\varepsilon\cos\frac{\varphi}{2} \tag{5-36}$$

$$\varepsilon_B = \nu\varepsilon\sin\frac{\varphi}{2} \tag{5-37}$$

$$\tilde{E} = E + \frac{1}{2}\beta_1\varepsilon_A^2 + \frac{1}{2}\beta_2\varepsilon_B^2 \tag{5-38}$$

考虑到电荷取分立值的事实,必须符合式(5－19),由式(5－27)和式(5－31)

可得：

$$\left.\begin{aligned}\varepsilon_A &= m\beta_1 q_e \\ \varepsilon_B &= n\beta_2 q_e\end{aligned}\right\} \tag{5-39}$$

不难得到，电源电压的表达式为：

$$\varepsilon = \mu\left(m\beta_1 q_e \cos\frac{\varphi}{2} + n\beta_2 q_e \sin\frac{\varphi}{2}\right) \tag{5-40}$$

这就是在介观电感电容耦合电路中的库仑阻塞效应。由式（5-29）、式（5-30）和式（5-39）不难看出，在绝热近似的条件下，考虑电荷取分立值时，库仑阻塞效应的强弱不但与各回路的元件参数（L_1 和 L_2）有关，还与耦合的元件参数（L 和 C）有关。这一结果丰富了介观电子学理论，也为单电子器件的开发和应用提供了积极的信息。

5.2.4 应用及前景

通过分析和研究介观耦合电路中的库仑阻塞效应，找出发生库仑阻塞的原因以及影响库仑阻塞效应强弱的因素，可以进一步丰富介观量子理论，对介观尺度下的应用展开提供了积极的信息。库仑阻塞效应不仅是一项很有科学意义的物理研究课题，而且蕴含着诱人的应用前景。对介观电子学的研究将从根本上改变电子科学技术的面貌，超越目前集成电路发展中遇到的物理极限，突破现在遇到的一些工艺技术瓶颈，研发全新的电路及器件来提高集成度，基于库仑阻塞效应的单电子隧穿的单电子器件成为重要的研究方向之一。基于库仑阻塞效应的单电子晶体管可以应用于高灵敏静电计的制造，也可以用来制造低噪声模拟信号放大器。与传统的 MOSFET 器件相比，单电子晶体管在工作过程中仅仅涉及单个电子或者几个电子，对于降低集成电路的功耗非常有利。另外单电子晶体管的纳米岛可以是量子点，达到原子尺度，对于提高集成电路的集成度具有潜在的巨大优势，对控制电路中静电能的变化规律起着重要的指导作用。在库仑阻塞温度计中，许多金属岛排成一列，中间隔着绝缘介质，形成许多个隧道结。在一定偏压下，隧道结中会发生电子隧道效应。因为温度会影响电子隧穿的比率，从而影响整个系统的电导率。库仑阻塞温度计有操作简易快捷、结果可靠、对磁场不敏感、所测量的是一级温度、无须修正等优点。库仑阻塞效应的研究对单电子数字控制电路、电荷检测、单电子静电计、量子点旋转门等有着重要的应用价值，也能为介观量子态的控制提供有益的指导；另外，在非旋波近似下，对两量子比特与谐振子相耦合系统中的量子纠缠演化特性的研究也得出了重要的结论。

第6章　介观系统发展路径及可行性分析

6.1 介观耦合电路量子效应研究现状

本节详细介绍了介观耦合电路量子效应研究与进展,并分析了耦合电路量子化的方法以及耗散对电路的影响,最后根据量子效应的研究趋势,对其应用和发展前景进行了预测。

6.1.1 量子化的基本方法

目前人们研究介观电路中量子效应的方法主要是采用与经典谐振子相类比、在引入复正则电荷与电流的基础上借助产生和湮灭算符将电路进行量子化以及直接考虑电路量子化三种方法。在对介观耦合电路量子效应进行研究的过程当中,如何将系统的哈密顿量进行量子化是关键。从现有的文献看,主要由变换法进行(变换法所包含的内容参见2.2.2节与2.2.3节)。

目前对两网孔耦合的处理方法,几乎都是通过类似的线性变换来实现的。当网孔增加到三孔时,很难再找到类似上述的线性变换,这种方法的局限性会体现出来。在对于三网孔介观电路量子化时,一般采用IWOP(有序算符内积分)的知识。从目前的文献看,研究介观电路的思路方法及研究的因素也日趋多样化,无论是从网孔的数量还是耦合元件的个数上来讲,日趋复杂化是当今介观电路研究发展的大势所趋,而且还要考虑一些外加因素(如温度、电场和磁场等)的影响,对这方面的研究有待进一步深入。

6.1.2 介观耦合电路研究趋势

对介观耦合电路的研究虽然已经有一段时间了,在有些方面也取得了一些成就,但相关研究仍处于探索阶段,目前为止,还没有出现一套完整的介观量子理论。这主要是因为人们对介观领域还缺乏足够的了解,主要有以下几个问题制约着介观耦合电路研究的进一步发展。

6.1.2.1 介观尺度工具电极对加工过程的影响

作为准一维的量子系统的介观尺度工具电极,量子效应及非线性表现显著,通常输运的是有限个电子。此时需要研究由于工具尺寸缩小引起的电场强度变化、电场分布和这些变化对加工过程的影响规律。

6.1.2.2 电路中的量子点耦合

在介观电路中除了研究回路之间的元件耦合外,介观电路中量子点的混联也将使电子的输运显示出更为丰富的物理现象。此外量子点间的耦合在某些情况下必须给予考虑,与独立双量子点相比,耦合双量子点系统具有更丰富的物理特性。一方面,它不仅可以作为理想的双杂质模型,用于研究强关联系统;另一方面,也可以考虑用作量子计算机中的量子门开关。因此,耦合双量子点系统的研究也成为目前介观物理研究中的另一热门话题。

6.1.2.3 研究范围的拓展

在对介观电路量子效应研究的基础上,相关研究不断进行。Anthore 等人用实验在介观尺度银导线通过对偏电压的控制测量了磁场在能量释放过程中的影响,他们用偏电压来控制磁通的变化,使操作进一步具体化。对介观电路中通过量子点的输运情况和一定条件下超导线中剧烈的量子涨落以及介观干涉中的移相问题的研究也相继展开。接着人们又进一步对介观超导体中的量子效应进行研究,如对各向异性超导体中的介观无序涨落和超导体纳米导线输运中自旋的研究及对其他一些特定状态下的介观超导体的研究。目前国外已有在电荷相互作用下的介观电容的动力学特征、磁场中介观超导的相关研究,如探究整个电路系统处于外场中将会对整个系统有怎样的影响。同时,在对超冷量子气中的量子相位的介观效应、耦合介观一维玻色气的量子自陷、介观二维电子系统的反常效应、介观环中的非平衡相变的转化、特定绝缘子表面的介观自旋霍尔效应、介观系统中随机电场的分布、玻璃合金剪切带中的介观理论和强相互作用下的介观电容的动力学特征等的研究中,得到了具有一定学术价值和指导意义的结果。

6.1.2.4　量子态的控制

目前缺乏一套完整的理论来描述在耦合过程中量子态对相关研究结果的影响。由于量子所特有的不确定性原理,对量子的任何作用都会破坏其初始状态,而且难以估测这种破坏干扰的程度和影响,因此在介观世界中还存在着很多未知的现象及规律。

综上所述,人们对介观耦合电路量子效应的研究已经取得了里程碑式的进步,对介观世界的认识也进一步深入,介观结构是介观物理的研究对象,又是介观物理的验证结构。虽然在科研前进道路上还有许多艰难险阻,但是相信随着人们对微观世界认识的不断深入,经过不懈的努力,一定能够形成一部完整的介观量子理论,为介观电子学的快速发展提供有力的理论支撑,同时也促进量子信息及辐射场的相关研究。因此,这一领域的研究有重要的基础研究价值以及广阔的应用前景。

6.2　介观电路量子涨落影响因素分析

介观物理已发展为凝聚态理论的一个重要分支,处于介观尺度下的量子相干行为而产生的量子涨落现象是介观系统的重要特性之一。根据组成介观电路系统的结构,本节着重对具有代表性的介观单网孔电路及耦合电路中量子涨落的影响因素进行研究,概括其特点、总结其规律,并对今后的发展方向提出具有可行性的思路分析。

6.2.1　影响参数分析

根据组成电路系统的结构特点及耦合情况的不同,构成介观系统的典型电路大致可分为两种:单网孔电路和耦合电路。下面就此两种不同结构的电路分别进行探析。

6.2.1.1 单网孔电路

较复杂的电路的模型一般是在简单的模型基础上组合而成的,其中最简单最基本的就是单网孔电路。

量子涨落的大小不仅与系统所处的状态有关,还与回路自身的器件有关。另外,对压缩真空态及一定温度等条件下介观系统量子效应的相关研究也在逐步拓展,由于量子涨落普遍存在于介观系统中,所以介观电路量子特性的研究对进一步设计微小电路、噪声处理等有重要的参考价值。

6.2.1.2 耦合电路

介观耦合电路是指两网孔或多网孔电路之间有着共同的耦合元件。在实际构成微电路的结构中,如介观尺度下的电容器,由于两极板间的间距非常小,电荷在输运过程中其相位记忆仍可能被保持,使得处于电容器两极板之间电子的波函数会产生相干叠加,导致处于两极板之间的电子经过此临近效应形成弱耦合。两个介观回路之间往往存在一个或多个元件耦合。在对介观耦合电路量子涨落影响因素的研究过程中,按照耦合元件中是否存在耗散可分为无耗散和耗散两种典型的电路(相关理论分析可参考3.1节)。

对于耗散介观耦合电路中量子效应的研究,其思路也是大致沿着模型构建、系统量子化以及数值计算与分析等路径进行的,其电路结构特点及系统中量子涨落的比较如表6.1所示。

由表6.1可知,对于无耗散介观耦合电路,量子化后的耦合电路未接电源时,在其任意本征态下,每个回路中的电荷和电流的平均值均为零,然而其涨落不为零,也就是每个回路中都有电荷和电流的量子涨落;通过表6.1还显示出,两回路中电荷和电流的量子涨落是彼此相关的。而对介观耦合电路中存在耗散的情况,研究结果表明:电路中的电荷和电流的量子涨落不但与各回路中元件参数与耦合部分元件参数相关,还受到另一个回路中的元件参数的影响;不难发现,影响电感耦合电路量子涨落的因素包括温度和组成电路的自身器件的参数。

表 6.1　无耗散与耗散介观耦合电路量子涨落特征的比较

特征	无耗散介观耦合电路	耗散介观耦合电路
结构特征	耦合元件中无 R	耦合元件中有 R
量子化后系统的哈密顿量	$\hat{H}=\frac{1}{2\sqrt{L_1L_2}}(p_1'^2+p_2'^2)+\frac{\alpha}{2}q_1'^2+\frac{\beta}{2}q_2'^2$	$\hat{H}_Q=\sum_{k=1}^{2}\left(\frac{\hat{P}_k^2}{2\alpha_k}+\frac{1}{2}\alpha_k\omega_k^2\hat{Q}_k^2\right)$
系统量子涨落	$\langle q_1^2\rangle=\frac{\hbar}{2L_1}\Big[\frac{1}{\omega_1}(2n_1+1)\cos^2\frac{\varphi}{2}+\frac{1}{\omega_2}(2n_2+1)\sin^2\frac{\varphi}{2}\Big]$	$(\Delta\hat{q}_1)^2=\left(\frac{L_2}{L_1}\right)^{\frac{1}{2}}e^{-\gamma t}\left(\frac{\cos^2\frac{\varphi}{2}}{\alpha_1\omega_1}+\frac{\sin^2\frac{\varphi}{2}}{\alpha_2\omega_2}\right)\frac{\hbar}{2}$
	$\langle q_2^2\rangle=\frac{\hbar}{2L_2}\Big[\frac{1}{\omega_1}(2n_1+1)\sin^2\frac{\varphi}{2}+\frac{1}{\omega_2}(2n_2+1)\cos^2\frac{\varphi}{2}\Big]$	$(\Delta\hat{q}_2)^2=\left(\frac{L_1}{L_2}\right)^{\frac{1}{2}}e^{-\gamma t}\left(\frac{\sin^2\frac{\varphi}{2}}{\alpha_1\omega_1}+\frac{\cos^2\frac{\varphi}{2}}{\alpha_2\omega_2}\right)\frac{\hbar}{2}$
	$\langle p_1^2\rangle=\frac{\hbar L_1}{2}\Big[\omega_1(2n_1+1)\cos^2\frac{\varphi}{2}+\omega_2(2n_2+1)\sin^2\frac{\varphi}{2}\Big]$	$(\Delta\hat{p}_1)^2=\left(\frac{L_1}{L_2}\right)^{\frac{1}{2}}e^{-\gamma t}\Big[\alpha_1\omega_1\left(1+\frac{\gamma^2}{4\omega_1^2}\right)\cos^2\frac{\varphi}{2}+\alpha_2\omega_2\left(1+\frac{\gamma^2}{4\omega_2^2}\right)\sin^2\frac{\varphi}{2}\Big]\frac{\hbar}{2}$
	$\langle p_2^2\rangle=\frac{\hbar L_2}{2}\Big[\omega_1(2n_1+1)\sin^2\frac{\varphi}{2}+\omega_2(2n_2+1)\cos^2\frac{\varphi}{2}\Big]$	$(\Delta\hat{p}_2)^2=\left(\frac{L_2}{L_1}\right)^{\frac{1}{2}}e^{-\gamma t}\Big[\alpha_1\omega_1\left(1+\frac{\gamma^2}{4\omega_1^2}\right)\sin^2\frac{\varphi}{2}+\alpha_2\omega_2\left(1+\frac{\gamma^2}{4\omega_2^2}\right)\cos^2\frac{\varphi}{2}\Big]\frac{\hbar}{2}$

6.2.2 发展趋势

实现量子通信技术的关键之一是如何降低介观电路的量子噪声,对介观电路系统量子涨落的研究有助于降低电路的量子噪声。总之,人们几乎都是沿着从无源到有源、从无耗散到有耗散、从零度到有限温度、从真空态到压缩真空态、从不考虑环境量子态到考虑环境量子态、从单回路到耦合电路等由简到繁、由易到难的路径进行的。

率先对有源介观 RLC 电路的量子涨落进行研究的是我国学者陈斌和李有泉。他们发现在真空态下,不接入电源时,电荷与电流的平均值为零,方均值为:

$$\langle q^2\rangle = \langle 0|q^2|0\rangle = \frac{\hbar}{2\sqrt{{\omega_0}^2-\lambda^2}} = \frac{\hbar}{2}\frac{2L\sqrt{C}}{\sqrt{4L-R^2C}},\langle p^2\rangle = \tag{6-1}$$

$$\langle 0|p^2|0\rangle = \frac{\hbar\omega_0}{2\sqrt{{\omega_0}^2-\lambda^2}} = \frac{\hbar}{2}\frac{2/\sqrt{C}}{\sqrt{4L-R^2C}}$$

$$\overline{\langle\Delta q^2\rangle\langle\Delta p^2\rangle} = \frac{\hbar^2}{4}\frac{4L}{4L-R^2C} \tag{6-2}$$

由式(6-1)可得,电流和电荷有零点涨落,涨落大小与电路自身的器件参数 R、L、C 有关。因为耗散(电阻 R)的存在,电荷、电流的量子涨落之积不再满足最小测不准原理,只有当 $R=0$(不考虑耗散)时才能满足。电流和电荷的量子涨落之间存在压缩效应,增大电感系数 L 的值时,电荷涨落增大,电流涨落减小。当电路中接入电源时,电荷和电流的量子涨落与电源无关,而与时间有关。该结论的前提是介观电路必须处于真空态,适用面窄。人们后来又进一步探索了当电路处于更复杂的状态(压缩态、压缩态的激发态等)下的量子涨落特性。

压缩态时$|\alpha,\zeta\rangle$是先对真空态进行压缩,然后将它平移获得的,可表示为$|\alpha,\zeta\rangle = D(\alpha)S(\zeta)|0\rangle$。在压缩态$|\alpha,\zeta\rangle$下,电荷和电流的量子涨落为:

$$\overline{(\Delta Q)^2} = \frac{\hbar}{2\omega}e^{-2\zeta},\overline{(\Delta P)^2} = \frac{\hbar}{2\omega}e^{2\zeta} \tag{6-3}$$

式(6-3)表明电荷和电流量子涨落的大小不仅与电路自身器件参数有关,还与压缩参量 ζ 有关。电荷、电流的量子涨落分别与压缩参量 ζ 成反比和正比,满足最小测不准原理。当单回路介观电路处在压缩真空态的激发态时,电荷与电流的量子涨落除了与电路器件参数和压缩参数 r 有关外,还与激发量子数 k 有关。电路器件参数确定后,当激发量子数 k 取一定值时,随着压缩参数 r 的增大,电流和电荷的量子涨落分别趋向一个稳定值。

上面这些结论是在绝对零度或接近绝对零度时得到的。实际应用时,外界环境很难达到类似的温度,所以必须考虑环境温度对介观电路量子涨落的影响。考虑温度后,介观 RLC 电路中电荷与电流的方均值为:

$$\langle q^2 \rangle = \frac{\hbar}{\pi}\int_0^{\infty} \mathrm{d}\omega \coth\left(\frac{\hbar\omega}{2k_B T}\right)\mathrm{Im}\alpha(\omega),\langle p^2 \rangle = \frac{\hbar}{\pi}\int_0^{\infty} \mathrm{d}\omega \coth\left(\frac{\hbar\omega}{2k_B T}\right)\mathrm{Im}\alpha(\omega)\omega^2 \tag{6-4}$$

可见二者的方均值均受温度 T 影响。当温度升高时,表现为热力学涨落,量子涨落被湮没,遵循经典力学规律。在温度接近绝对零度,电阻 R 又不是很大时,对上面两式积分略去高阶项后得:

$$\langle q^2 \rangle = \frac{\hbar}{2}\frac{2L\sqrt{C}}{\sqrt{4L-R^2C}},\langle p^2 \rangle = \frac{\hbar}{2}\frac{2/\sqrt{C}}{\sqrt{4L-R^2C}} \tag{6-5}$$

式(6-5)与真空态下、绝对零度时的结论一致。此时,电荷、电流的方均值与 $\hbar$ 成正比,呈量子效应。量子涨落起主要作用,热力学起伏被压制,遵循量子力学规律。分析式(6-4)还可以发现,电荷与电流的量子涨落不仅与温度有关,还与本征频 ω 有关,可以通过选择合适的本征频与温度的比值(ω/T),来降低温度对电路量子效应的影响。

由于与环境相互纠缠,介观电路系统量子态的产生和演化将受到不可逆的影响,量子相干性遭到破坏,系统会从具有相干态的量子态变成不具有相干性或相干性大量减少的经典、半经典状态,大大降低量子信息处理的效率,而且人们通过研究发现,除了温度外,环境的量子态对介观电路系统的量子涨落也有影响。例如,当环境初始态处在热平衡态时,电荷与电流的量子涨落为:

$$\begin{cases}(\Delta q)2=\frac{\hbar}{2\omega L}\Big[A^{*2}(\langle a^{+2}\rangle-\langle a^{+}\rangle\langle a^{+}\rangle)+A^{2}(\langle a^{2}\rangle-\langle a\rangle\langle a\rangle)+\\ 2\,|A|^{2}(\langle a^{+}a\rangle-\langle a^{+}\rangle\langle a\rangle+\frac{1}{2})+2\sum_{k}|B_{k}|^{2}\Big(\bar{n}_{k}+\frac{1}{2}\Big)\Big]\\ (\Delta p)2=\frac{\hbar}{2\omega L}\Big[-A^{*2}(\langle a^{+2}\rangle-\langle a^{+}\rangle\langle a^{+}\rangle)+A^{2}(\langle a^{2}\rangle-\langle a\rangle\langle a\rangle)+\\ 2\,|A|^{2}(\langle a^{+}a\rangle-\langle a^{+}\rangle\langle a\rangle+\frac{1}{2})+2\sum_{k}|B_{k}|^{2}\Big(\bar{n}_{k}+\frac{1}{2}\Big)\Big]\end{cases}$$

(6-6)

其中,B_k是环境量子态的参数,B_k的存在表明电荷与电流的量子涨落受环境量子态的影响。当环境初始态为相干态,且不考虑耗散(电阻 $R=0$)时,电荷与电流的涨落是个常量,取决于电感和电容的参数,与环境初始状态无关:

$$\langle(\Delta q)^{2}\rangle=\frac{\hbar}{2L\omega}\Big(\omega=\frac{1}{\sqrt{LC}}\Big),\ \langle(\Delta p)^{2}\rangle=\frac{\hbar L\omega}{2}\Big(\omega=\frac{1}{\sqrt{LC}}\Big)\quad(6-7)$$

后来,人们又进一步研究了介观耦合电路在不同条件下的量子涨落,发现除了上述影响因素外,每一回路中电流、电荷的量子涨落不但与本回路参数有关,还与另一回路参数有关。人们还利用谐振电路耦合介观电路探测了介观电路的量子噪声。如图 6.1 所示,当把探测器放到一个电磁环境中时,噪声值的奇异点消失;如果提高探测器所在环境的温度,测量噪声将低于 0 偏压下的噪声。此实验进一步说明了介观电路系统的量子涨落特性不仅跟自身的参数有关,还受外界环境温度和磁场的影响。

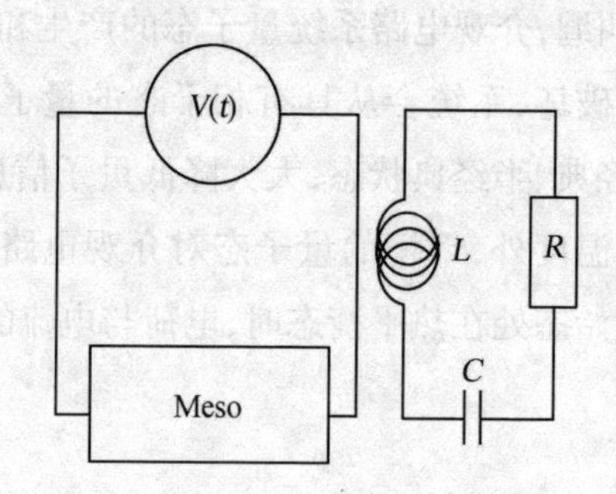

图 6.1　谐振电路耦合介观电路探测介观电路的量子噪声

通过以上分析可知,若想降低电路的量子噪声,可以通过改变电路及器件参数(尤其电阻)、控制电路的量子态、改变环境温度和环境的量子态等方法来实现,但这些结论是对单回路及单元件耦合介观电路研究得到的。随着电路集成度的不断提高,耦合度也相应加强,若想保证信号快速、高保真,还必须对多原件耦合电路及更复杂的电路模型进行研究。

经过不断的研究,人们已经初步掌握了介观单回路、双回路、简单三回路电路的量子效应,但介观电路的量子效应不仅来源于电路的量子化,还来源于电荷的量子化,只有考虑了电荷的不连续性,才能建立介观电路系统的全量子理论。截至目前,人们先后讨论了介观RL电路、有源RLC电路、无耗散电感耦合电路、无耗散电感－电容耦合电路的全量子理论。在实际应用时,耗散对介观电路量子效应的影响是不容忽略的,有关耗散介观电感耦合、电感－电容耦合、电感－电容－电阻耦合电路全量子理论的研究至今尚不多见,其难度不言而喻。如耗散介观电感－电容耦合电路,其经典的运动方程为:

$$
\begin{aligned}
&L_1\frac{\mathrm{d}^2 q_1}{\mathrm{d}t^2}+R_1\frac{\mathrm{d}q_1}{\mathrm{d}t}+\frac{q_1}{C_1}+L\left(\frac{\mathrm{d}^2 q_1}{\mathrm{d}t^2}-\frac{\mathrm{d}^2 q_2}{\mathrm{d}t^2}\right)+\frac{(q_1-q_2)}{C}=\varepsilon(t)\\
&L_2\frac{\mathrm{d}^2 q_2}{\mathrm{d}t^2}+R_2\frac{\mathrm{d}q_2}{\mathrm{d}t}+\frac{q_2}{C_2}-L\left(\frac{\mathrm{d}^2 q_1}{\mathrm{d}t^2}-\frac{\mathrm{d}^2 q_2}{\mathrm{d}t^2}\right)-\frac{(q_1-q_2)}{C}=0
\end{aligned}
\tag{6-8}
$$

由式(6－8)得其经典的哈密顿量:

$$
H=\mathrm{e}^{-\gamma t}\left[\frac{{p_1}^2}{2L_1}+\frac{{p_2}^2}{2L_2}-\frac{1}{2}\frac{LL_1L_2}{LL_1+LL_2+LL_3}\left(\frac{p_1}{L_1}-\frac{p_2}{L_2}\right)^2\right]+
\mathrm{e}^{\gamma t}\left(\frac{{q_1}^2}{2C_1}+\frac{{q_2}^2}{2C_2}+\frac{(q_1-q_2)^2}{2C}\right)-q_1\varepsilon(t)
\tag{6-9}
$$

其中,$\gamma=\dfrac{R_1}{L_1}=\dfrac{R_2}{L_2}$。

考虑电荷量子化后,对无耗散介观耦合电路量子涨落特性的研究方法大多是通过体系的薛定谔方程来求解波函数,然后再利用波函数来计算电流、电荷的量子涨落,但在动量表象中体系的薛定谔方程变成了标准的马丢方程,而且电路越复杂,相应的马丢方程越难求解。

也有文献借助于H－F定理研究了无耗散电感耦合电路的量子涨落,方法及计算过程相对简单,因为定理的本身就包括能量本征值及各种力学量的平均值随参数变化的规律,只要求出体系能量的本征值,借助于H－F定理就可以得到各种力学量平均值的信息。能否借助于该定理来探索电荷量子化时耗散电感-电容耦合电路的量子涨落,也有待我们进一步研究。总之,只有建立了介观电路系统的全量子理论,才能更全面地掌握影响其量子效应的因素,找到实现降低电路量子噪声的最有效的办法。

从已有的文献分析,影响介观电路量子涨落的因素主要来自组成元件和耦合部分的参数,以及与之相耦合的电路。除此之外,影响涨落大小的还有其他因素,如借助于热场动力学理论对在热真空态下的电容耦合电路的量子涨落进行分析发现,电路系统的量子效应还受到温度的影响,电路系统在一定温度下的量子涨落比在零度下的要强烈;也就是说,电流产生的焦耳热和外界环境的温度会影响涨落的强度。研究还表明,热态条件下介观耦合电路中不确定关系和元件所具有的参数与温度有关,而且电路系统在一定温度条件下不确定关系跟在绝对零度条件下相比较更为显著,涨落也随着温度的升高而明显增强。现有的一些介观理论大多数是在一定条件下所得出的,而在介观电路系统实际工作和应用过程中,还有可能受到无法预料的其他因素的影响,如运动电荷所产生的电场、外界磁场、在电路中串联或并联一个或多个非线性元件等。目前人们已对在电荷相互作用下的介观电容的动力学特征及磁场中介观超导等进行了研究,并得到了具有一定意义的结论。可见对介观尺度间隙内物质输运过程和电场、流场等对产物输运过程的影响机理的研究也是该领域未来的趋势。介观电路中量子效应的研究,对介观尺度下应用的展开提供了积极的信息,对进一步设计和开发微电路、降低其在工作过程中的量子噪声、提高信号的稳定性和保真度、传输与控制及极弱信号系统检测等具有重要的实际意义;对介观电路量子效应影响因素的研究也为将来制备新型材料和纳米器件的深度应用提供有益的思路指导。同时,进一步丰富和完善了介观量子理论,使理论研究和实际应用相互促进,相得益彰,更好地推进介观物理与纳米科技的发展。

在高精度、高速度、小型化、复杂化及集成化的驱使下,微电子技术发展日新月异,研究和生产尺度早已达到纳米级别,此时电路中的量子噪声不可避免地对信号的保真度和稳定性等产生重要影响。现在的科技水平已经使得计算机的硬件设计必须考虑电路及器件中的量子效应,如处于介观尺度的材料,尽管含有大量粒子,但其系统尺度小于相干尺度,同一样本中的粒子保持相干运动,各个样本性质差异极大,系统的平均值不再有效地刻画系统中所有样本的性质，或者说存在很大的统计涨落。因此，降低电路及器件中的量子噪声，增加其在工作过程中信号的保真度和稳定性显得尤为重要。

随着纳米技术的迅速发展，微电子器件的尺寸已达到了原子数量级，对电路量子效应进一步深入研究，尤其是对实现降低量子噪声研究，对半导体、量子信息、量子计算等技术的发展，无疑非常重要。目前人们对微电路系统量子效应的研究取得了一定的进展，并对提高微电路工作过程中信号的保真度和稳定性起到了重要的促进作用，量子技术在此领域所起的作用将会日趋凸显。

第 7 章　量子应用与发展

“量子”的概念自 1900 年普朗克引入之后得到迅速发展。量子力学在 1930 年初步形成,并发展成现代物理两大支柱之一,其产生与发展都对传统的科学理念产生了巨大的影响。在微观世界里,能量的状态是不连续的、分立的,是由一份一份的能量共同组成的,而这个最小且不能分割的能量状态就是量子;在微观世界里的这种不可无限分割性,就称为量子化。早在 20 世纪 40 年代,量子力学就被运用于军事等领域,第一代量子技术涵盖磁共振成像、激光、半导体器件、数码成像等,量子力学不仅对超导电性、原子核结构、半导体性质等给出了科学的解释,还促成了新技术、新功能、新材料的不断出现。在量子知识与工程技术再次结合的“第二次量子科技革命”中,人们进一步使用量子科学以构架量子工程,不断突破与创新,其主要特征是对单个量子系统的调控,操控对象是单个分子、原子、离子,以及单光子、单电子,让测量达到量子极限状态,涉及量子计算、量子通信、量子雷达、量子精密测量等多个方面,第二次量子革命给计算能力、感知、测量等技术带来很大程度的提升。可以说,现代物理学的分支及相关的边缘学科无一不是建立在量子力学基础之上的。美国科学家设计出一种高为 2 μm 的表面发射激光,能够实现单一芯片上的光学连接,这极大地提高了新一代计算机微处理器上的数据链接,从而提高计算机的整体效能。激光器会使光子学与电子学共存于一个芯片上,使得制造具有通信、计算、传感等多重功能的超级芯片成为可能,对计算机在数据处理、输运等方面有很大程度的提高,量子计算的提高也将加速人工智能的发展。由于量子线和量子点跟量子阱相比具有更强的量子限制效应,所以量子激光器具有更低的电流阈值密度、更高的增益和特征温度等优越特性。

中国于 2011 年正式对量子通信进行立项研发,并成为该领域的领先国家之一。2016 年,中国成功将世界第一颗量子卫星“墨子号”发射,为进行太空与地面之间的量子密钥分配实验打开新局面,为构建全球化量子信息处理和量子通信网络打下坚实的基础。2021 年中国在“十四五”规划纲要中明确指出,要加快布局量子计算、量子通信等先进技术,实现到 2030 年完成国家量子通信基础设施、开发量子计算机的愿景。

7.1 量子计算

量子计算的主要目的之一是在特定领域实现经典计算无法实现的功能。1982 年,Feynman 提出量子计算概念,他认为微观世界的本质是量子的,可建造一个根据量子力学规律运行的计算机,用于模拟量子世界的部分行为。量子计算需突破物理和化学基础新材料等关键技术,解决量子芯片、量子位操控、量子计算机物理实现及软件体系等难题。

本节介绍了量子计算的发展及研究现状,简要分析了量子计算机的工作原理,并对其今后的发展重心及应用前景进行了展望。

7.1.1 量子计算的发展

由摩尔定律可知,集成电路上可容纳的元器件的数目,每隔 18 个月翻一番。随着微电子技术的迅速发展,电路也朝着高精度、高速度、高集成度的趋势发展,其物理尺度已达到粒子波函数的相位相干长度,此时物质遵循量子力学规律,量子效应显著。这就必然需要用量子力学对它们的特征进行描述,从而产生了以量子力学为基础,利用量子特征效应建立一个完全以量子比特为基础的计算机芯片,从而发展形成了一种新型计算机——量子计算机。量子计算的概念最早是由 Feynman 提出的,从对物理现象的模拟而来。不久之后,Deutsch 提出了量子计算机的蓝图,并证明了对于任何物理过程原则上都能被量子计算机模拟,“量子逻辑门”这一概念也随之被提出,将量子力学应用于信息处理。量子算法利用量子力学的并行性、相干叠加性、纠缠性等基本特性,这些纯物理性质大大提高了计算效率。Peter Shor 于 1994 年提出量子质因子分解算法。在其对于金融及网络等处的 RSA 加密算法可以破解并构成威胁之后,对量子计算机的研究愈加受到科研者的重视,并逐步取得了一系列研究成果。

2001 年,IBM 公司和斯坦福大学的研究组在具有 15 个量子位的核磁共振量子计算机上成功借助 Shor 算法对 15 进行因式分解,这使得量子计算逐渐在实际问题中得到应用,掀起了对量子计算机研究的热潮。2012 年,Serge Haroche 与 David Wineland 因“突破性的试验方法使得测量和操纵单个量子系统成为可能”获得当年诺贝尔物理学奖,他们突破性的方法使得这一领域的研究朝着基于量子物理学建造一种新型超快计算机的方向迈出了第一步。清华大学的课题组通过研究指出了借助于固态空间环境中实现了基于希尔伯特空间的量子运算,这预示着量子计算朝着实际应用方面有了进一步的发展。量子隐形传态可以借助于量子态作为信息的载体,通过量子态传送,最近随着对钻石运动状态光控制研究的显著进步,在周围环境条件下从光束到宏观钻石振动态的量子隐形传态也得到研究,实验体现出平均隐形传态的保真度超出了 2/3 的经典极限,推进了量子隐形传态向着更大物体目标发展。

量子信息是量子理论与信息科学相互交叉的一门新的学科,它突破了现有的信息技术的物理瓶颈。量子计算机作为人类由信息时代向量子时代跨越的重要标志,利用量子的相干性拥有超强的并行计算能力。除此之外,其在信息保密、信息储存、超导量子计算、光学量子计算、模拟量子系统等方面也显示出了经典计算机无法比拟的优越性,如图 7.1 所示。

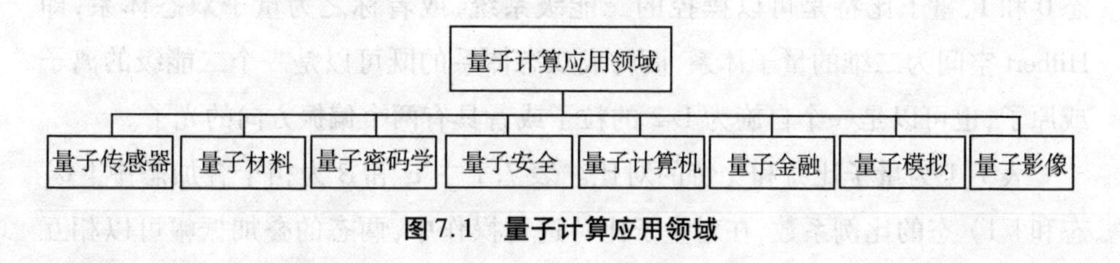

图 7.1　量子计算应用领域

7.1.2　量子计算机的原理

量子计算机是一种遵循量子力学规律实施高速逻辑和数学运算、储存及处理量子信息的物理装置,其信息的基本单元是比特,1 个比特是 1 个有两个状态的物理系统,如经典计算机中电流的“通”或“断”(对应的取值为 0 或 1)两种状态作为 1 个比特。量子计算机所遵循的基本原理是量子力学原理,如图 7.2 所示。其中,幺正变换操作需要使用量子算法进行量子编程。

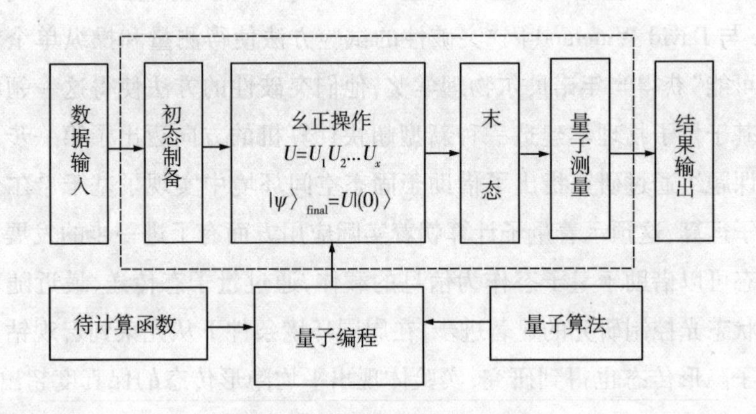

图 7.2　量子计算机工作原理

从量子论观点看，量子计算机是一个量子力学系统。正是因为量子态具有叠加性和相干性等性质，使得量子计算与经典计算有着很大的不同。经典计算机中 0 和 1 作为信息的基本单位，用 0 和 1 组成的字符来表示信息；量子计算机计算的基本单位是量子比特，即必须用两个量子态 $|0\rangle$ 和 $|1\rangle$ 代替经典比特状态 0 和 1，量子比特是可以操控的二能级系统，或者称之为量子双态体系，即 Hilbert 空间为二维的量子体系，而构成双态体系的既可以是一个二能级的离子或原子，也可以是一个自旋为 1/2 的粒子或者具有两个偏振方向的光子。

表 7.1 为量子比特和比特的对比。表 7.1 中 α 和 β 为相干叠加态中 $|0\rangle$ 态和 $|1\rangle$ 态的比例系数，在对量子比特进行操作中，两态的叠加振幅可以相互干涉，形成量子相干性。量子的叠加性和相干性是量子计算机最本质的特征，在满足条件 $\alpha^2+\beta^2=1$ 下，可以取无数组系数。因此，与经典比特相比，量子比特可以代表更多的信息。量子计算机的输入态和输出态为一般的叠加态；在量子计算机中，量子比特序列是运算对象，量子比特序列不但可以处于各种正交态的叠加态上，还能处于纠缠态上。这些特殊的量子态，除了能够提供量子并行计算外，还能带来许多意想不到的性质，量子计算机中的变换（即量子计算）包括所有可能的幺正变换。

表7.1　量子比特和比特的对比图

特点	量子比特	比特
可取状态	$\|0\rangle$、$\|1\rangle$和$\alpha\|0\rangle+\beta\|1\rangle$	$\|0\rangle$或$\|1\rangle$
测量影响	若处于叠加态,受测量影响	不受测量影响

与经典的计算机相比,量子计算机的优越性之一体现在量子算法上。与门和非门作为经典计算机中两个基本的逻辑门是不可逆的,而对于量子计算机,所有的操作必须是可逆的,故基本逻辑门也是可逆的。量子计算机不但能进行普通经典数字逻辑操作,还能进行奇异的逻辑操作。量子计算机利用了量子力学的一些基本特性,如相干性、叠加性、纠缠性等。这些纯物理性质为其计算能力的提高以及计算范围的拓展提供了有力的帮助,并形成了一种新的计算模式——量子算法;另外,量子计算机在模拟量子系统、提高检测精度、确保信息安全等方面也是经典计算机所达不到的。

7.1.3　研究重点与发展趋向

量子力学在计算机中的应用使得量子计算机应运而生,量子计算机引起了计算机理论领域的革命。其优势主要体现在量子并行算法上,例如用万亿次经典计算机分解300位的大数需要15万年,而万亿次量子计算机只需要1秒。量子计算可以加快某些函数的运算速度;量子因特网具有安全性,并集信息处理和传输于一体,可实现多端分布计算,降低通信复杂度。量子信息科学的核心目标是实现真正意义上的量子计算机和实现绝对安全的、可实用化的长程量子通信。由于量子计算机在运行的过程中不能对量子态进行测量,因为测量会使量子态发生改变,即未知量子比特不可能精确复制,使得每个复制比特与初始量子比特相同,此性质有利的方面是从根本上保证了无法窃听量子通信信道,有效地杜绝了对方通过计算机渗透窃取己方情报信息的目的。

量子算法的确可以解决许多经典算法无法解决的问题,数字的经典计算机即使再快速,也只是1与0的交替排列,远不及借助于希尔伯特空间的特性运行的量子计算机。虽然人们目前对量子计算机的研究取得了一定的成果,并在实际中得到应用,但在今后较长的时间内,量子计算机所面临的机遇与挑战并存。无论是量子计算机本身的设计还是其解决实际问题的能力,都未达到完善的程度。目前为止,还没有出现真正意义上的量子计算机。由于量子的特殊性质,跟经典计算机相比,量子计算机有着许多的优越性,随着科技的发展特别是量子理论的不断完善及研究的深入,相信量子计算机也会逐渐走进人们的生活。但是在量子计算机的发展过程中,其也尚未达到完善的程度,也有一些困难等着去克服。结合现有的研究成果及未来的发展,有以下几个关键问题仍是将来研究的重点与难点。

7.1.3.1 量子并行计算

经典计算机在 0 和 1 的二进制系统上运算,量子计算机可以在量子比特上运算,也可以利用自旋构造量子计算机中的数据位。一个 n 量子比特(由 n 个原子构成)的存储器,可能存储的数达到 2^n。在量子计算机中,由于量子并行处理,有些借助于经典计算机只存在指数算法的问题,借助于量子计算机却存在量子多项式的算法,所以量子计算机的信息储存量大,而且量子计算机可以同时进行多个读取和计算,具有读取速度高的优点,这在密码学中也有着重要的应用。

7.1.3.2 量子纠缠

量子纠缠于 1935 年由薛定谔首先引入量子力学,并称其为量子力学的"精髓"。一个孤立的微观体系 A,其状态一定可以用一个纯态来完备地描述。但如果考虑它和外界环境 B 有相互影响,这些难以避免的直接(或间接)的相互作用将会导致 A 和 B 状态之间的量子纠缠。对于量子纠缠的研究包括各类纠缠态的制备、提纯、调控、传送和存取,还有对量子纠缠的物理本质,以及量子纠缠对宏观物质物理性质的影响。另外,对具有长程、高品质、高强度等特点的纠缠光源的研究也是实现全球化量子通信的关键之一。

7.1.3.3 不可克隆性

量子计算机在运行的过程中不能对量子态进行测量,因为测量会使量子态发生改变,即未知量子比特不可能被精确复制。这使得每个复制比特与初始量子比特不相同。此性质有利的一方面是从根本上保证了无法窃听量子通信信道,但不利的一方面是不能把经典计算机中完善的纠错方案应用到量子计算机中,可能在纠错方面出现一些问题。不克隆性的根本原因是态叠加原理,由量子态运算的线性性质和概率守恒的要求所导致。

7.1.3.4　克服退相干

量子计算机的优越性源于量子的相干性。在使用过程中,由于量子比特、量子储存器和量子门容易受到其他量子器件及环境的相互作用和影响而发生量子纠缠,量子的相干性易被破坏形成消相干。消相干已成为量子计算、量子通信及量子密码发展过程中的主要困难和障碍。根据理论描述的方法,消相干可分为相位消相干和振幅消相干两大类。如何有效克服消相干已成为影响量子计算发展的重要因素。

随着对量子理论和计算机科学研究的不断深入,量子计算和量子信息等已越来越多地应用于经济、情报、通信等领域,并体现出非常广阔的科技和应用前景,引导着技术由信息技术(IT)向着量子信息技术(QIT)转变。对量子计算机的研究已引起物理学家的极大兴趣和高度关注。量子计算机的制造从理论上已不存在根本性的障碍,量子计算机发展迅猛,不断步入新阶段(图7.3),其对经典计算有着极大的拓展与扩充作用。相信在不久的将来,量子计算机将会取代经典计算机,从而实现计算机发展史上的新跨越。

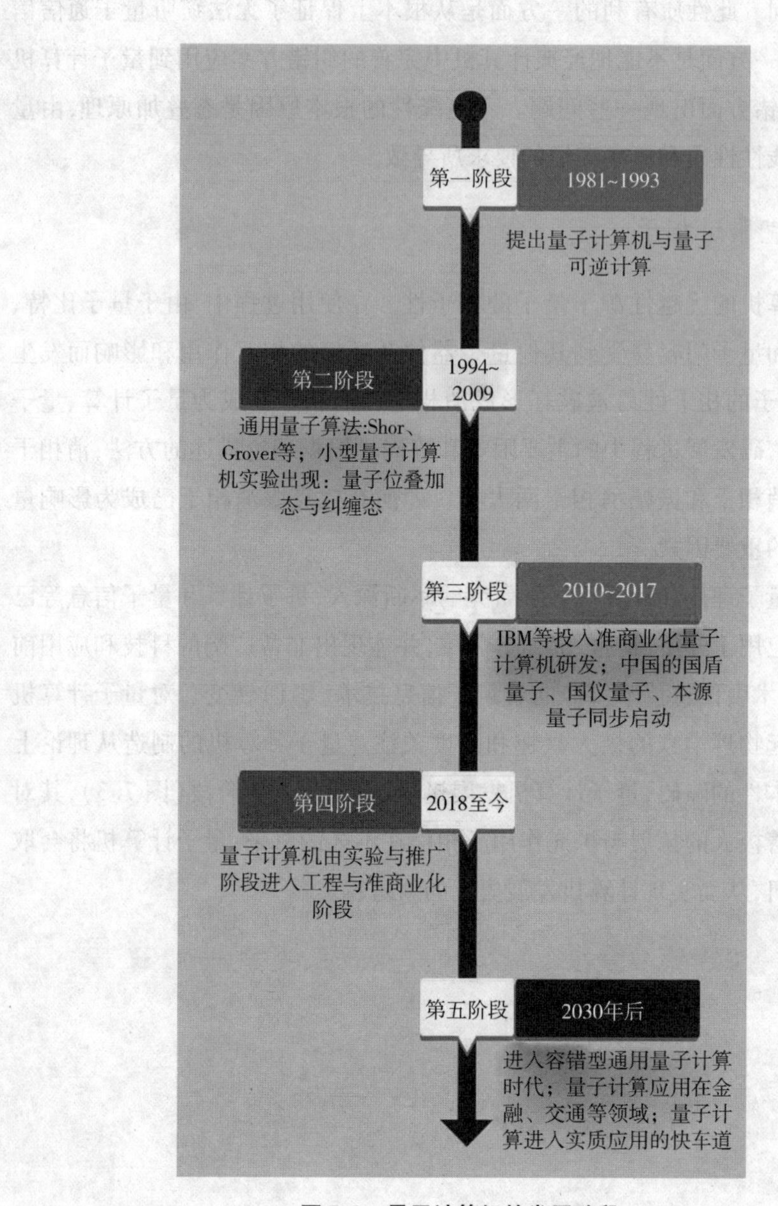

图 7.3　量子计算机的发展阶段

7.2　量子通信

量子通信是指借助于量子比特为信息载体传输信息的通信技术,基于量子力学中海森堡不确定关系、未知量子态不可克隆定理及非正交量子态不可区分定理,使得量子信息处理具备传输高效和绝对安全等独特的优势。在算子算法的支持下,经典的保密协议极易被破解,而量子保密通信能够抵抗包括量子计算机在内的所有针对通道的攻击。量子保密与量子计算已成为战略性前沿技术,对国家安全、社会经济等方面产生越来越大的影响。

7.2.1　量子密钥分发技术

量子保密通信技术(QSC)包括量子信号源、量子信号探测器以及量子随机数发生器等关键技术,是一种基于量子密钥分发(QKD)的通信技术。现有的公钥体系在单向计算时容易受到攻击,导致信息被泄露或盗取,信息的安全性受到严重威胁。量子密钥分发技术的研发顺应了当前信息化的需求,量子保密通信技术的研究与应用有力推动了量子保密通信规范化工作的实施和持续性的发展。量子密钥分发是基于量子不确定性原理、量子态不可复制和量子不可分割的特性来实现的。不同于传统的信息技术,量子通信以量子比特作为基本的信息单元,且对量子比特的处理过程符合量子力学规律。量子保密因其通信中数据传输的安全性而成为研究热点。量子通信中的保密性源于量子密钥分发技术"一次一密"的加密方式,该技术以量子物理和信息学为基础,只要通信双方在信道上成功建立密钥,信息传输就可以在公开信道上安全传输,而且这种具有绝对随机性的密钥从原理上是找不到破解之道的,如果通信过程中存在被窃听的情况,就肯定会被发现。因为传统量子信道在传送数据进行量子密钥服务的加密业务时,量子信道存在传输损耗,量子密钥分发距离会被约束,此时需要设置中继节点以达到长距离的接力传送目的,所以在现有较大规模的量子保密通信网络中,采用的可信中继技术是异或中继方法。量子密钥只会在节点处暂存,经过异或后,对中继节点不会造成影响从而提高信息传输的安全性和效率。量子密钥分发保密通信技术以其独特的优势成为保密通信手段的首选,在军事、政治、金融、经济等重要领域可以充分发挥强大的保密运输功用,以保证信息在传输过程中的绝对安全。

7.2.2 量子保密通信

量子保密通信已进入由研发到实用化的发展阶段,也是量子信息技术发展的重要组成部分。比较典型的量子保密通信是通过对原有的公钥体系进行提升和改造,采取量子密钥分发和对称密码技术相结合的加密通信方案,以应对原有量子计算体系内存在的安全隐患,并升级现有加密体制,利用计算破解能力的后量子加密技术提高了被破解能力,以防止信息泄露。量子保密通信与后量子加密的应用对未来量子安全信息加密技术的创新发展意义重大。系统具有信息储存量大、读取速度高、保密性高等特点,引起越来越多的国家的重视。中国是较早开展量子科学研究的国家,从 2009 年开始就已形成量子保密通信产业化,经过多年的发展,已形成一定规模,特别是在量子保密通信方面成效卓越。

量子通信可以突破现有信息技术的物理极限,在处理速度、安全保密、空间容量等方面将会发生质的飞跃,被誉为信息安全的“终极武器”。量子通信是使用量子态作为信息的载体,并把量子纠缠作为信道,将该量子态由一地传送到另一地的一种通信方式。量子纠缠网络可用于局域量子因特网和分布量子计算,也可用于远程量子网络,实现量子的“云计算”。此外量子通信还具有抗干扰能力强、信噪比低、传输信息量丰富等特征。基于此,量子通信在对潜、对空等特殊通信应用领域,更能够发挥其无传输介质限制、高效、安全等独特优势。在量子力学允许的范围内,无法精确复制一个未知的量子态,使复制的量子态与原量子态完全一致。各国都致力于在军事信息领域中通过技术性反窃密、反破坏措施来确保军事信息的完整性、可用性、机密性和真实性,使信息在各个环节安全,量子技术在此领域可以展现其独特的优势。另外,量子精密测量为高精度定位和导航提供了可能,可用于远海舰艇及潜水艇导航。量子信息技术已成为各国科学技术领域竞相发展的前沿。

7.3　量子技术的应用价值

量子科技被认为是21世纪改变世界的关键核心技术之一,量子科技具有量子态叠加性、纠缠性、相干性等新优势特征。除了7.1节和7.2节所述的量子计算和量子通信外,其所含有的更多方面的应用价值不言而喻。

7.3.1　量子材料

量子材料属于一类新材料,其结构尺寸在纳米数量级,此时物质的量子尺寸效应对材料性能的影响就成为不能忽视的问题。量子隐身材料可以完全在不借助其他技术的情况下,通过弯曲光线达到隐形,甚至可逃过红外望远镜和热力学设备的追踪。人们已研发出“量子隐形衣”,其通过反射穿衣者身边的光波,可以使穿衣人达到隐身的效果。目前的反雷达探测隐身技术受频率段限制,其主要针对的是厘米波段雷达。要想继续达到隐身的目的,这就要求隐身材料具备宽频带吸波特性,即同一种隐身材料能够对抗多种波段电磁波源的探测。量子隐身材料用于侦查器材,可以对对方实施全方位、大纵深的立体侦查,取得可靠的情报来源,从而掌握主动权。

随着新型低可观测目标的产生以及雷达在复杂电磁环境下应用的需求增长,传统雷达在反隐身方面面临难以突破的技术瓶颈。因此,迫切需要探索新的雷达探测体制,建立新的目标检测理论和雷达架构,为目标探测技术的发展提供一条全新的发展道路。量子雷达是将传统雷达技术与量子信息技术相结合,通过对电磁场的微观量子和量子态操作以及控制实现目标探测、测量和成像的远程传感器系统。在发射端,量子雷达充分利用电磁波的量子统计特性,对其进行偏振态、相干态、Fock态、纠缠态、压缩态等量子态的调制,将信号调制维度由传统的空、时、频推广至更高维度的量子态。在接收端,量子雷达通过量子增强接收、量子最优检测等技术手段,优化接收机的噪声水平和检测能力;同时利用量子态的特性进行接收,增强目标与噪声、杂波、干扰之间的差异,提升低可观测目标的检测概率。图 7.4 为量子传感组件的典型应用。

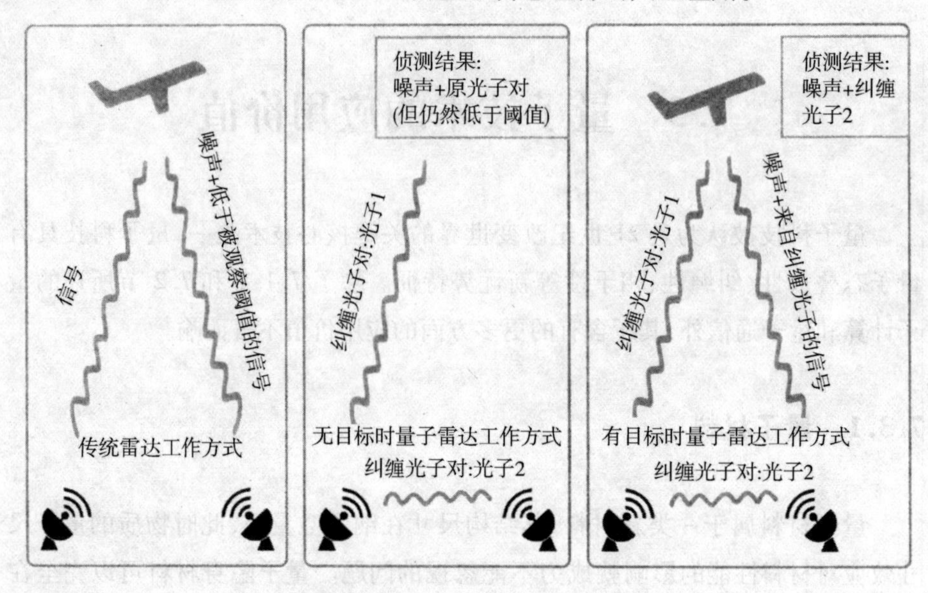

图 7.4 量子传感组件的典型应用

7.3.2 量子定位

量子技术不仅改变了人类对微观领域的认知,也对未来军事形态有着深刻影响,使未来的作战方式、方法发生根本性的改变。美国麻省理工学院于 2001 年首次提出量子定位系统。量子定位系统是基于量子力学基本原理,利用量子纠缠、量子压缩等特征,通过量子信号的形式来实现高精度定位要求的一种新型定位系统。量子定位系统借助于具有量子特性的光子脉冲以实现定位的精准性,其精度可以接近海森堡不确定性原理的物理极限,从而突破经典无线电定位精度发展的瓶颈。随着量子导航设备的轻便化进程,其定位、定时等导航信息在汽车、无人机、直升机等装备中的发展潜力将会更大,从而改变装备的使用模式。

7.3.3 量子精密测量

测量是进行科学实验的根本手段,测量技术兼具理论性和实践性,精密测量是科学研究的重要环节。量子技术的发展为有效突破经典测量极限开辟了新的思路。量子精密测量(即量子传感器)主要是利用量子现象特别是量子纠缠和量子叠加开发出比经典物理的测量技术更精确的技术对物理学中的基本单位进行高分辨率和高灵敏度的研究。量子物理做出的预测具有概率性,只有经过测量才知道结果。在量子力学中,测量是指对物理系统的测试或操纵,跟经典物理中对力、距离和质量等物理量的测量一样,能够产生数值结果;然而与经典物理中的测量不同,量子测量一定会对量子态产生影响,所有的量子测量都需要适当读取探针来进行,量子探针会将量子态投影到几种可能的最终状态之一,所以测量过程会存在固有的不确定性,而且容易受到外界噪声的影响。目前各种量子精密测量仪器,如量子磁力计、量子重力计等陆续被研发应用。量子磁力计在病患监测、手术规划和成像临床等方面均能发挥重要作用,而且具有体积小、质量轻、成本低、功率低等优点;量子重力计是利用原子下落时所产生的量子干涉图像来测量重力大小的变化,其测量的精准度能够达到地表重力加速度的十亿分之一,精准度远高于利用激光干涉法测量反射器在真空中自由下落时的加速度制成的重力计。

量子传感器就是近年来基于量子叠加和量子纠缠等量子力学特征制造出的更加精确的装置,用于实现被测系统的物理量的功能变换和信息输出。量子传感器的原理是利用外界环境如压强、温度、电磁场与电子、光子等量子体系直接发生相互作用,改变它们的量子状态,然后通过检测这些改变后的量子态,达到对外部环境的高灵敏度测量的目的。因此量子传感器被广泛应用于国防军事、交通运输、地质勘探等领域。随着人类操控量子的能力不断提高,利用量子特性制造出的精密测量工具极大地促进了科学的发现及科技的发展,其应用领域也在不断拓展(表7.2)。

表 7.2　量子测量元件的主要应用

量子测量元件主要应用	导航定位:量子干涉加速计、量子陀螺仪等
	量子时钟:冷原子喷泉灯、原子或离子光钟、量子同步协议等
	重力计:超导重力仪、自由落体式重力仪等
	雷达照明:量子干涉雷达等
	磁场:原子 SERF 磁力仪、光泵磁力仪等

参考文献

[1]龙超云. 介观并联 RLC 电路的量子涨落[J]. 物理学报, 2003, 52(8): 2033 - 2036.

[2]张玉强. 介观电路量子效应研究[J]. 公安海警学院学报. 2015, 14(2): 42 - 44.

[3]张玉强, 黄鑫, 叶太兵. 热态下介观电感耦合电路中的量子涨落[J]. 四川大学学报(自然科学版), 2014, 51(2):335 - 339.

[4]周小方. 介观 LC 电路零状态响应的完全解[J]. 物理学报, 2007, 56: 6019 - 6022.

[5]阮文, 雷敏生, 嵇英华, 等. 介观LC 电路的量子压缩效应[J]. 量子电子学报, 2005, 22(2):227 - 231.

[6]嵇英华, 饶建平, 雷敏生. 介观 LC 电路中的量子隧道效应[J]. 物理学报, 2002, 51(2):395 - 398.

[7]嵇英华, 雷敏生. 三网孔介观电容耦合电路的量子效应[J]. 量子电子学报, 2002, 19(1):48 - 52.

[8]宋招权, 徐慧, 马松山, 等. 准一维无序体系电子局域化及输运特性[J]. 中南大学学报(自然科学版), 2011, 42(1):125 - 129.

[9]王继锁, 韩保存, 孙长勇. 介观电容耦合电路的量子涨落[J]. 物理学报, 1998, 47:1187 - 1192.

[10]张玉强, 蔡绍洪, 韩跃武, 等. 介观电路中的量子效应及其研究趋势分析[J]. 四川师范大学学报(自然科学版), 2008, 31:500 - 504.

[11]嵇英华, 罗海梅, 叶志清, 等. 利用介观 LC 电路制备薛定谔猫态[J]. 物理学报, 2004, 53:2534 - 2538.

[12]邱深玉, 蔡绍洪. 耗散介观电容耦合电路的量子效应[J]. 物理学报, 2006 55(2):816 - 819.

[13]梁麦林, 刘丽彦, 孙宇晶. 含时阻尼电感耦合电路的量子化和量子涨落[J]. 哈尔滨工业大学学报, 2007, 39(1):157 - 160.

[14]梁麦林, 袁兵. 分回路中有电阻时电容耦合电路的量子涨落[J]. 物理学报, 2003, 52 (4):978 - 983.

[15]嵇英华, 雷敏生, 谢芳森. 介观电感耦合电路的量子涨落[J]. 量子电子学报, 1999, 16(6):526 - 531.

[16]张玉强，蔡绍洪，韩跃武. 两网孔介观 RLC 耦合电路的量子化[J]. 大学物理，2009，28(2):6－8.

[17]王继锁，冯健，詹明生. 无耗散介观电感耦合电路的库仑阻塞和电荷的量子效应[J]. 物理学报，2001，50(2):299－303.

[18]陈斌，李有泉，沙健，等. 介观电路中电荷的量子效应[J]. 物理学报，1997，46:129－133.

[19]王继锁，刘堂昆，詹明生. 无耗散介观电感耦合电路的量子效应[J]. 光子学报，2000，29(1):22－26.

[20]郑厚植. 半导体纳米结构中的库仑阻塞现象[J]. 物理，1992，21(11):646－653.

[21]曾令刚，王庆康，张欣. 单电子晶体管研究进展[J]. 微电子学，2002(2):86－92.

[22]孙劲鹏，王太宏. 基于库仑阻塞原理的多值处存器[J]. 物理学报，2003(52):2563－2568.

[23]柳福提，程晓洪. 库仑阻塞现象及其在纳米电子器件中的应用[J]. 大学物理，2013，32 (7):33－36.

[24]吴凡，王太宏. 单电子晶体管通断图及其分析[J]. 物理学报，2002，51(12):2829－2835.

[25]苏丽娜，吕利，李欣幸，等. 单电子晶体管用于电荷检测的研究[J]. 微纳电子技术，2014(10):617－622.

[26]夏建平，任学藻，丛红璐，等. 两量子比特与谐振子相耦合系统中的量子纠缠演化特性[J]物理学报，2012，61(1):190－195.

[27]何锐. 基于超导量子干涉仪与介观 LC 共振器耦合电路的量子通信[J]. 物理学报，2012，61(3):37－41.

[28]夏小建. 介观 LC 电路在辐射场作用下约化密度方程的应用[J]. 应用物理，2013(3):167－170.

[29]郭光灿，周正威，郭国平，等. 量子计算机的发展现状与趋势[J]. 中国科学院院刊，2010，25(5):516－524.

[30]邵开元，舒浪，王乔，等. 量子隐身技术[J]. 有机化学研究，2015，1:66－76.

[31]李文革，黄晓利，谢世富．导航战在信息化战争中的作用[J]．信息与电子工程．2004，2(2)：153－156．
[32]郭光灿，张昊，王琴．量子信息技术发展概况[J]．南京邮电大学学报，2017，37(3)：1－14．
[33]李传锋，郭光灿．量子调控——未来信息技术[J]．物理通报，2005，2：4－7．
[34]张玉强，林国语，李立纬，等．量子技术军事应用探析[J]．中国设备工程，2022，15：231－233．
[35]郭邦红，胡敏，毛睿，等．量子保密通信与量子计算[J]．深圳大学学报理工版，2020，37(6)：551－558．
[36]冯胜，胡光桃，卢亚鹏．基于被动量子雷达的隐身目标探测研究[J]．重庆大学学报，2021，44(3)：100－106．
[37]陈斌，方挥，焦正宽，等．介观电路中电荷、电流的量子涨落[J]．科学通报，1996，41(13)：1170－1172．
[38]刘艳辉，金哲，张寿．有源 RLC 介观电路的量子涨落[J]．量子光学学报，2002，8(3)：118－120．
[39]蔡十华，王建秋，等．声子库的量子态对介观电路量子特性影响的研究[J]．物理学报，2008，57(1)：496－501．
[40]张玉强．量子计算机的研究进展与发展趋向[J]．甘肃科技，2016，32(19)：65－67．
[41]曾谨言．量子力学教学与创新人才培养[J]．物理，2000，(7)：436－438．
[42]蒋建飞．纳电子学导论[M]．北京：科学出版社，2006．
[43]陆栋，蒋平，徐至中．固体物理学[M]．上海：上海科学技术出版社，2003．
[44]陈长乐．固体物理学[M]．北京：科学出版社，2007．
[45]曾谨言．量子力学 卷Ⅰ[M]．北京：科学出版社，2007．
[46]苏汝铿．量子力学[M]．上海：复旦大学出版社，1997．
[47]张建树，孙秀泉，张正军．理论力学[M]．北京：科学出版社，2005．
[48]范洪义．量子力学表象与变换论：狄拉克符号法进展[M]．上海：上海科学技术出版社，1997．

[49]钱伯初. 量子力学[M]. 北京:等教育出版社, 2006.
[50]范洪义. 从量子力学到量子光学 数理进展[M]. 上海:上海交通大学出版社, 2005.
[51]路易塞尔. 辐射的量子统计性质[M]. 北京:科学出版社, 1982.
[52]阎守胜. 固体物理基础[M]. 北京:北京大学出版社, 2000.
[53]张永德. 量子信息物理原理[M]. 北京:科学出版社, 2006.
[54]吴玲, 卢发兴, 吴中红, 等. 舰载武器系统效能分析[M]. 北京:电子工业出版社, 2020.
[55]张宇民, 姜孔桥, 黄祥泉. 大学军事理论教程[M]. 北京:航空工业出版社, 2005.
[56]张庆瑞. 量子大趋势[M]. 北京:中译出版社, 2023.
[57]FARIBAULT A, CALABRESE P, CAUX J S. Dynamical correlation functions of the mesoscopic pairing model[J]. Physical Review B, 2010, 81(17): 174507.1 - 174507.19.
[58]NOVAES M. Statistics of quantum transport in chaotic cavities with broken time - reversal symmetry[J]. Physical Review B, 2008, 78(3):035337.
[59]SUMIKURA H, KURAMOCHI E, TANIYAMA H, et al. Purcell enhancement of fast - dephasing spontaneous emission from electron - hole droplets in high - Q silicon photonic crystal nanocavities[J]. Physical Review B, 2016, 94(19):195314.
[60]SKVORTSOV M A, FEIGEL'MAN M V. Superconductivity in disordered thin films: giant mesoscopic fluctuations[J]. Physical Review Letters, 2005, 95(5):057002.1 - 057002.4.
[61]GOSWAMI S, SIEGERT C, PEPPER M, et al. Signatures of an anomalous Nernst effect in a mesoscopic two - dimensional electron system[J]. Physical Review B, 2011, 83(7):073302.
[62]FAN H Y, LIANG X T. Quantum fluctuation in thermal vacuum state for mesoscopic LC electric circuit[J]. Chinese Physics Letters, 2000, 17: 174 - 176.
[63]LIANG B L, WANG J S, FAN H Y. Marginal distributions of wigner function

in a mesoscopic L – C circuit at finite temperature and thermal wigner operator [J]. International Journal of Theoretical Physics, 2006, 46(7):1779 – 1785.

[64] HIPOLITO R, POLKOVNIKOV A. Breakdown of macroscopic quantum self – trapping in coupled mesoscopic one – dimensional bose gases [J]. Physical Review A, 2010, 81(1):013621.1 – 013621.16.

[65] JIANG R, HUANG W, HU M B, et al. Comment on "bulk – driven nonequilibrium phase transitions in a mesoscopic ring" [J]. Physical Review Letters, 2011, 106(7):079601.

[66] WANG J S, SUN C Y. Quantum effects of mesoscopic RLC circuit in squeezed vacuum state[J]. International Journal of Theoretical Physics, 1998, 37(4): 1213 – 1216.

[67] ZHANG X Y, WANG J S, FAN H Y. Fluctuation of mesoscopic RLC circuit at finite temperature[J]. Chinese Physics Letters, 2008, 25(9):3126 – 3128.

[68] WEI L F, LEI X L. Dynamics for a mesoscopic RLC circuit with a source[J]. Physica Scripta, 2000, 62(1):7 – 11.

[69] DORIA M M, ROMAGUERA A R DE C, PEETERS F M. Effect of the boundary condition on the vortex patterns in mesoscopic three – dimensional superconductors: disk and sphere [J]. Physical review. B, 2007, 75(6): 064505.1 – 064505.7.

[70] CHEN B, LI Y Q, FANG H, et al. Quantum effects in a mesoscopic circuit [J]. Physics Letters A, 1995, 205(1):121 – 124.

[71] LI Y Q, CHEN B. Quantum theory for mesoscopic electric circuits [J]. Physical Review B, 1996, 53:4027 – 4032.

[72] ANDERSON P W. Absence of diffusion in certain random lattices [J]. Physical Review, 1958, 109(5):1492 – 1505.

[73] MONNIER P, SAVARY M, FONTOLLIET C, et al. Photodetection and photodynamic therapy of early squamous cell carcinomas of the pharynx, oesophagus and tracheo – bronchial tree[J]. Lasers in Medical Science, 1990, 5(2):149 – 169.

[74] WIDOM A. Quantum electrodynamic circuits at ultralow temperature [J].

Journal of Low Temperature Physics, 1979, 37:449 - 460.

[75] Feynman R P. Forces in Molecules [J]. Physical Review 1939, 56: 340 - 343.

[76] FAN H Y, CHEN B Z. Generalized Feynman - Hellmann theorem for ensemble average values[J]. Physics Letters A, 1995, 203(2 - 3):95 - 101.

[77] LEE P A, RAMAKRISHNAN T V. Disordered electronic systems[J]. Reviews of modern physics, 1985, 57(2):287 - 337.

[78] ALTLAND A, DE MARTINO A, EGGER R, et al. Transient fluctuation relations for time - dependent particle transport[J]. Physical Review B, 2010, 82(11):115323.

[79] AVERIN D V, LIKHAREV K K. Coulomb blockade of single - electron tunneling, and coherent oscillations in small tunnel junctions[J]. Journal of Low Temperature Physics, 1986, 62(3):345 - 373.

[80] DALIBARD J, CASTIN Y, MOLMER K. Wave - function approach to dissipative processes in quantum optics[J]. Physical Review Letters, 1992, 68 (5):580 - 583.

[81] FULTON T A, DOLAN G J. Observation of single - electron charging effects in small tunnel junction[J]. Physical Review Letters, 1987, 59(1):109 - 112.

[82] Büttiker M, Rychkov V S. Mesoscopic versus macroscopic division of current fluctuations[J]. Physical Review Letters, 2006, 96:166806.

[83] GOLDHABER - GORDON D, GOERES J, KASTNER M A, et al. From the kondo regime to the mixed - valence regime in a single - electron transistor [J]. Physical Review Letters, 1998, 81(23):5225 - 5228.

[84] CUMMINGS P T, STELL G. Statistical mechanical models of chemical reactions[J]. Molecular Physics, 1985, 55(1):33 - 48.

[85] YU L H. Quantum tunneling in a dissipative system[J]. Physical Review A, 1996, 54(5):3779.

[86] CALDEIRA A O, LEGGETT A J. Path integral approach to quantum Brownian motion[J]. Physica A Statistical Mechanics and Its Applications, 1983, 121 (3):587 - 616.

[87]HUANG C J , ZHOU M , LI J F , et al. Quantum properties of light in the system of two – mode squeezing vacuum field interacting with two coupling – atoms[J]. Acta Physica Sinica – Chinese Edition –, 2000, 49(11): 2163 – 2164.

[88]BANERJEE R N, GARCÍA – FERNÁNDEZ P. The effect of loss asymmetry on the nonclassical properties of nondegenerate parametric devices[J]. Optics Communications, 1993, 104(1 – 3):207 – 222.

[89]GAO X C, XU J B, QIAN T Z. The exact solution for the generalized time – dependent harmonic oscillator and its adiabatic limit[J]. Annals of Physics, 1990, 204(1):235 – 243.

[90]Song D Y. Unitary relation between a harmonic oscillator of time – dependent frequency and a simple harmonic oscillator with and without an inverse – square potential[J]. Physical Review A, 2000, 62:014103.

[91]XU X L. Quantum fluctuations of mesoscopic damped mutual capacitance coupled double resonance RLC circuit in thermal excitation state [J]. Optoelectronics Letters, 2007, 3(1):73 – 77.

[92]UMEZAWA H, YAMANAKA Y. Micro, macro and thermal concepts in quantum field theory[J]. Advances In Physics, 1988, 37(5):531 – 557.

[93]CRONENWETT S M, OOSTERKAMP T H, KOUWENHOVEN L P. A tunable kondo effect in quantum dots[J]. Sciecce, 1998, 281:540 – 544.

[94]CHOI J R, GWEON J H. Thermal state of a harmonic oscillator with a linearly decreasing mass[J]. Journal – Korean Physical Society, 2003, 43(1): 17 – 23.

[95]JI J Y, KIM J K. Temperature changes and squeezing properties of the system of time – dependent harmonic oscillators[J]. Physical Review A, 1996, 53(2):703 – 708.

[96]IMRY Y. Introduction to mesoscopic physics[J]. Physics Today, 1997, 51(1):60 – 60.

[97]FAN H Y, PAN X Y. Quantization and squeezed state of two $L-C$ circuits with mutual – inductance[J]. Chinese Physics Letters, 1998, 15(9):

625 – 627.

[98] CORNAGLIA P S, BALSEIRO C A. Transport through quantum dots in mesoscopic circuit[J]. Physical Review Letters, 2003, 90:216801.

[99] JOSEPHSON B D. Coupled superconductors[J]. Reviews of Modern Physics, 1964, 36(1):216 – 220.

[100] NAKAMURA Y, PASHKIN Y A, TSAI J S. Coherent control of macroscopic quantum states in a single – Cooper – pair box[J]. Nature, 1999, 398 (6775):49 – 51.

[101] CRONENWETT S M, MAURER S M, PATEL S R, et al. Mesoscopic coulomb blockade in one – channel quantum dots[J]. Physical Review Letters, 1998, 81(26):5903 – 5907.

[102] CHEN B, LI Y Q, FANG H, et al. Quantum effects in a mesoscopic circuit [J]. Physics Letters A, 1995, 205(1):121 – 124.

[103] ZHANG Z M, HE L S, ZHOU S K. A quantum theory of an RLC circuit with a source[J]. Physics Letters A, 1998, 244(4):196 – 200.

[104] ZHANG Y A, CAI S H, HAN Y W. Quantum fluctuations of a dissipative mesoscopic capacitance – resisitance – inductance coupled circuit[J]. Modern Physics Letters B, 2010, 24:1091 – 1098.

[105] ANTHORE A, PIERRE F, POTHIER H, et al. Magnetic – field – dependent quasiparticle enegy rlaxation in mesoscopic wires[J]. Physical Review Letters, 2003, 90:076806.

[106] GALITSKI V. Mesoscopic gap fluctuations in an unconventional superconductor[J]. Physical Review B, 2008, 77:100502.

[107] JOSHI S K, SAHOO D, JAYANNAVAR A M. Entanglement induced decoherence of Aharonov – Bohm oscillations in mesoscopic rings[J]. Solid State Communications, 2001, 118(9):469 – 472.

[108] LACROIX D, HUPIN G. Density – matrix functionals for pairing in mesoscopic superconductors[J]. Physical Review B, 2010, 82 (14):144509.

[109] HAMAMOTO Y, JONCKHEERE T, KATO T, et al. Dynamic response of a

mesoscopic capacitor in the presence of strong electron interactions [J]. Physical Review B, 2010, 81(15):1533051 - 153305.4.

[110] CARR L D, WALL M L, SCHIRMER D G, et al. Mesoscopic effects in quantum phases of ultracold quantum gases in optical lattices [J]. Physical Review A, 2010, 81:013613.

[111] GAO J H, YUAN J, CHEN W Q, et al. Giant mesoscopic spin hall effect on the surface of topological insulator [J]. Physical Review Letters, 2011, 106:057205.

[112] LI J, LU K, BATES P. Normally hyperbolic invariant manifolds for random dynamical systems: Part I - persistence [J]. Transactions of the American Mathematical Society, 2013, 365(11):5933 - 5966.

[113] ZHENG G P, LI M. Mesoscopic theory of shear banding and crack propagation in metallic glasses [J]. American Physical Society, 2009, 10 (80):104201.

[114] LONG A A, WRIGHT W J, GU X, et al. Experimental evidence that shear bands in metallic glasses nucleate like cracks [J]. Scientific reports, 2022, 12(1):18499.

[115] SHIMIZU F, OGATA S, LI J. Theory of shear banding in metallic glasses and molecular dynamics calculations [J]. Materials transactions, 2007, 48(11): 2923 - 2927.

[116] BAILEY N P, SCHIØTZ J, JACOBSEN K W. Atomistic simulation study of the shear - band deformation mechanism in Mg - Cu metallic glasses [J]. Physical Review B, 2006, 73(6):064108.

[117] BAILEY N P, SCHIØTZ J, JACOBSEN K W. Atomistic simulation study of the shear - band deformation mechanism in Mg - Cu metallic glasses [J]. Physical Review B, 2006, 73(6):064108.

[118] TAKEUCHI S, EDAGAWA K. Atomistic simulation and modeling of localized shear deformation in metallic glasses [J]. Progress in Materials Science, 2011, 56(6):785 - 816.

[119] SCHUH C A, LUND A C, NIEH T G. New regime of homogeneous flow in

the deformation map of metallic glasses: elevated temperature nanoindentation experiments and mechanistic modeling[J]. Acta Materialia, 2004, 52(20): 5879 - 5891.

[120] LI L, HOMER E R, SCHUH C A. Shear transformation zone dynamics model for metallic glasses incorporating free volume as a state variable[J]. Acta Materialia, 2013, 61(9):3347 - 3359.

[121] DE GOTTARDI W, LAL S, VISHVESHWARA S. Charge fractionalization in a mesoscopic ring[J]. Physical Review Letters, 2013, 110(2):026402.

[122] MARDILOVICH P, YANG L, HUANG H, et al. Mesoscopic photonic structures in glasses by femtosecond - laser fashioned confinement of semiconductor quantum dots[J]. Applied Physics Letters, 2013, 102(15):151112.

[123] FEYNMAN R P. Simulating physics with computers[J]. International Journal of Theoretical Physics, 1982, 21:467 - 488.

[124] DEUTSCH D. Quantum theory, the charch - turing principle and the universal quantum computer[J]. A. Mathematical and Physical Sciences, 1985, 400:97 - 117.

[125] LIVEN M K, STEFFEN V M, BREYTA G. Experimental realization of shor's quantum factoring algorithm using nuclear magnetic resonance[J]. Nature, 2001(414):883 - 887.

[126] ZU C, WANG W B, HE L, et al. Experimental realization of universal geometric quantum gates with solid - state spins[J]. Nature, 2014, 514(10):72 - 75.

[127] HOU P Y, HUANG Y Y, YUAN X X, et al. Quantum teleportation from light beams to vibrational states of a macroscopic diamond[J]. Nature communications, 2016, 31(7):11736.

[128] ZHANG H R, SUN Z, QI R Y, et al. Realization of quantum secure direct communication over 100 km fiber with time - bin and phase quantum states[J]. Light:Science and Applications, 2022, 11:83.

[129] EDWARDS B J, FEIGL K, MORRISON M L, et al. Modeling the dynamic

propagation of shear bands in bulk metallic glasses[J]. Scripta materialia, 2005, 53(7):881-885.

[130]LIU J X, YAN Z Y, SONG Y H. Quantum effects of mesoscopic inductance and capacity coupling circuits[J]. Communications in Theoretical Physics, 2006, 45(6):32.

[131]SUKHORUKOV E V, EDWARDS J. Theory of quantum noise detectors based on resonant tunneling[J]. Physical Review B, 2008, 78(3):035332.

[132]ENGLERT B G U, MANGANO G, MARIANTONI M, et al. Mesoscopic shelving readout of superconducting qubits in circuit quantum electrodynamics [J]. Physical Review B, 2010, 81(13):134514.

[133] FERRY D K, GOODNICK S M. Transport in nanostructures [M]. Cambridge:Cambridege University Press, 2009.

[134]FRASER G. The new physics for the twenty-first century [M]. Cambridge: Cambridge University Press, 2006.

[135]DIRAC P A M. The Principles of quantum mechanics[M]. Oxford:Oxford University, 1958.